航空機構造破壊

遠藤信介 著

公益社団法人 日本航空技術協会

目　次

はじめに

第1章　　　　　　　　　　　　　　　　　　　　　　　　　2

1. 中華航空 B747 機空中分解事故（2002 年）‥‥‥‥‥‥‥ 2
2. 経年航空機に関する国際会議（2009 年）‥‥‥‥‥‥‥‥ 5
3. 初期の疲労強度基準（1926 〜 53 年）‥‥‥‥‥‥‥‥ 6
4. コメット機連続墜落事故（1953 〜 54 年）‥‥‥‥‥‥‥ 9
5. 疲労強度基準改正（1956 年）‥‥‥‥‥‥‥‥‥‥‥‥13

第2章　　　　　　　　　　　　　　　　　　　　　　　　16

6. 米空軍 B-47 連続墜落事故（1958 年）‥‥‥‥‥‥‥‥16
7. 米空軍 F-111 墜落事故（1969 年）‥‥‥‥‥‥‥‥‥19
8. バンガード墜落事故（1971 年）‥‥‥‥‥‥‥‥‥‥22
9. DC-10 急減圧緊急着陸（1972 年）‥‥‥‥‥‥‥‥‥25
10. 却下された技術者の勧告（1972 年）‥‥‥‥‥‥‥‥28

第3章　　　　　　　　　　　　　　　　　　　　　　　　32

11. トルコ航空 DC-10 墜落事故（1974 年）‥‥‥‥‥‥‥32

第4章　　　　　　　　　　　　　　　　　　　　　　　　46

12. 損傷許容設計基準の成立（1977 〜 78 年）‥‥‥‥‥‥46
13. B707 水平尾翼疲労破壊事故（1977 年）‥‥‥‥‥‥‥48
14. 経年航空機に対する検査プログラム‥‥‥‥‥‥‥‥54

第5章　　　　　　　　　　　　　　　　　　　　　　　　56

15. アメリカン航空 DC-10 墜落事故（1979 年）‥‥‥‥‥56
16. FAA の耐空証明制度に関する報告書（1980 年）‥‥‥‥64
17. 構造設計基準改正案の撤回（1983 〜 85 年）‥‥‥‥‥66

第6章　69

18 遠東航空 B737 空中分解事故（1981 年）……………………69

第7章　81

19 JAL123 便事故（1985 年）……………………………………81

第8章　101

20 アロハ航空 B737 胴体外板剥離事故（1988 年）……………101

第9章　113

21 ユナイテッド航空 DC10 着陸横転事故（1989 年）…………113

第10章　128

22 B747 エンジン脱落事故（1991 ～ 92 年）……………………128

第11章　142

23 TWA 機空中爆発事故（1996 年）……………………………142

第12章　160

24 A300-600 垂直尾翼空中分離（2001 年）……………………160

第13章　176

25 中華航空 B747 空中分解（2002 年）…………………………176

索　引 …………………………………………………………… 194

はじめに

　この本は、日本航空技術協会機関誌「航空技術」の 2010 年 6 月号から 2011 年 7 月号までに連載した記事「航空機構造破壊」をほぼそのまま収録したものです。

　この連載を始めた当時の動機は、史上最大の単独機事故である 1985 年の JAL123 便事故から 17 年後の 2002 年に、JAL123 便事故と多くの共通点を有する重大な構造破壊事故が発生したにもかかわらず、その事故は、発生当時もその後も日本国内では航空関係者も含め、あまり関心を引かなかったことにありました。

　JAL123 便事故は、日本国内のみならず世界の航空関係者にその事故原因と再発防止策が周知されていた筈であったのに、17 年後のその事故はなぜ防止できなかったのか、我々がさらに学び、さらに周知を図っていくべきことがあるのではないか、などと考え、「航空技術」に「航空機構造破壊」を連載することを思い立ちました。幸いなことに、日本航空技術協会の担当者の方のご理解を得て、1 年余にわたって「航空技術」に連載させて頂くことができました。このたび、当時の連載を 1 冊の本として出版することになりましたが、この本をお読み頂くことによって過去の教訓から何かを得て頂くことができたとすれば望外の喜びです。

　なお、この本の内容のうち、事実関係については全て公開された資料に基づくものであり、意見が述べられている部分は全て個人的な見解ですが、連載当時、私は公的機関に所属していたため、私の個人的見解が当該機関の見解と誤解されないように、親族の姓名を組み合わせたペンネーム（武田信一郎）で執筆しております。

　最後に、当時の連載と今回の出版に当たって多大のご支援を頂いた日本航空技術協会の方々、並びに、連載当時に多数の貴重なご助言と図表作成にご協力を頂いた十亀洋氏に深く感謝申し上げます。

遠藤信介

航空機構造破壊
第1章

1 中華航空 B747 機空中分解事故（2002 年）

　2002 年 5 月 25 日 15 時 7 分に台湾桃園市蒋介石空港を離陸した中華航空 611 便 B747-200 型機は、離陸から約 21 分後の 15 時 28 分、巡航高度 35,000ft に到達する直前に空中分解し、乗客乗員 225 名は、ばらばらになった機体とともに台湾海峡の海に墜落し、全員が死亡した。

　台湾飛航安全委員会は、事故機を海中から引き揚げ、3 年間に亘る

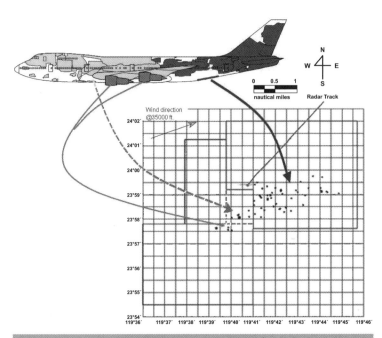

事故機残骸分布状況（台湾海峡）[1]

調査を行った結果、事故の 22 年前の 1980 年に事故機は香港空港で機体後部を接地させ後部胴体部分に損傷を受けたが、その修理が不適切であったため、機体与圧の繰り返しにより疲労亀裂が進行を続け、事故時のフライトにおいて機体内外の圧力差が最大レベルとなっていた時に亀裂が一気に進行して機体が空中分解したことを突き止めた[1]。

　この事故は、事故機が過去に後部胴体を接地・損傷する事故を起していたこと、損傷箇所の修理が不適切であったこと、与圧によって修理箇所に疲労亀裂が発生し長期間に亘って進行したこと、巡航高度に到達する直前に亀裂が合一し機体が急速に破壊したことなど、1985 年に発生した JAL123 便の事故と多くの共通点を有している[2]。

　JAL123 便は航空機の単独事故としては史上最大の事故であり、その事故原因と再発防止策は世界の航空関係者に周知されていた筈であったが、1985 年から 17 年後に発生した中華航空機事故はなぜ防止することができなかったのであろうか。

　航空機構造に起因する事故の発生件数は比較的少数であるものの、一旦発生すると重大な結果をもたらす場合が少なくないが、その中でも JAL123 便やこの事故のような与圧関係の重大事故が目につく。機内与圧は、旅客の利便性、快適性を飛躍的に高めたが、その一方、1950 年代のジェット旅客機の出現以降、様々な胴体構造の強度問題を生じさせてきた。

　与圧構造破壊事故などの重大な構造破壊事故に対しては、発生のたびに、その時点では徹底的と考えられた再発防止策が策定されてきたが、その後も類似事故が再発しているのが現実である。

　本稿は、今後の航空機の安全性維持のあり方を考える上で何らかの参考になればと考え、ジェット旅客機登場以来の約 50 年間に発生した 20 件の主要な構造破壊事故をとりあげ、これらの事故はどうして発生したのか、また類似事故の再発はなぜ防止されなかったのか、再発防止のため設計基準はどのように改正されてきたのかなどについて解説するものである。

4 第1章

本稿で取り上げる構造破壊事故（1953 ～ 2002 年）

発生 年月日	航空機	運航者	発生場所	死者	推定原因
1953.5.2	コメット I	BOAC	カルカッタ	43	構造破壊
1954.1.10	コメット I	BOAC	エルバ島近海	35	胴体の疲労破壊
1954.4.8	コメット I	南アフリカ航空	ナポリ島近海	21	胴体の疲労破壊
1958.3.13	B-47B	米空軍	フロリダ	4	主翼下面の疲労破壊
1958.3.13	TB-47B	米空軍	オクラホマ	1	主翼下面の疲労破壊
1969.12.22	F-111	米空軍	ネバダ	2	左主翼疲労破壊
1971.10.2	バンガード	BEA	ベルギー	63	腐食による圧力隔壁破壊
1972.6.12	DC-10	アメリカン	オンタリオ	0	貨物室ドア分離
1974.3.3	DC-10	トルコ航空	パリ郊外	346	貨物室ドア分離
1977.5.14	B707	ダンエア	ザンビア	6	水平尾翼疲労破壊
1979.5.25	DC-10	アメリカン	シカゴ	273	不適切なエンジン交換作業
1981.8.22	B737	遠東航空	台北付近	110	胴体の腐食
1985.8.12	B747	日本航空	群馬県上野村	520	不適切な修理作業
1988.4.28	B737	アロハ航空	マウイ付近	1	接着剥離、疲労損傷
1989.7.19	DC-10	UA	スーシティ	112	尾部エンジン破壊
1991.12.29	B747	中華航空	台北付近	5	エンジン取付金具疲労破断
1992.10.4	B747	エルアル	アムステルダム	47	エンジン取付金具疲労破断
1996.7.17	B747	TWA	ニューヨーク	230	中央翼燃料タンク爆発
2001.11.12	A300-600	アメリカン	ニューヨーク	265	垂直尾翼分離
2002.5.25	B747	中華航空	台湾海峡	225	尾部接地修理部疲労破壊

（注）ICAO、各国事故報告書、Flight International 誌等による。

2 経年航空機に関する国際会議（2009年）

　事故の歴史を遡る前に、構造破壊事故は過去の問題ではなく、構造健全性維持対策は現在も活発に議論されていることもご紹介しておこう。

　2009年5月、米国ミズーリ州カンザス市で経年航空機の安全性について討議するため、FAA、国防総省、NASAが主催する「Aging Aircraft 2009」が開催された。会議では、航空機構造の疲労対策をはじめとする多くの経年機対策の進展状況が発表された。その中でも最も関心を集めていたのは2006年に公表されていた民間機の設計基準（疲労強度基準）改正の進捗状況であった。2006年公表案は、JAL123便や中華航空611便の構造に発生したような広範囲の疲労損傷（WFD：Widespread Fatigue Damage）を防止するため、WFDが発生しないような運航寿命制限（OP：Operational Limit）を課するという急進的な内容のものであった[3]。この改正案に対して、航空機メーカーや航空会社は過大な負担を強いるものとして、強い反対を表明していた[4,5]。

　FAAは会議の席上、2008年12月に開催された公聴会で、改正案の規制内容を大幅に緩和して基準に適合するためのコストを$360 millionから$4 millionまで削減したとする案を提示したことを発表した。また、2006年案では、運航寿命を制限する用語として、データの有効範囲を意味するLOV（Limit of Validity）よりOPが適当として、OPを基準に用いていたが、公聴会提示案では、OPの代わりにLOVを用いるとしている[6,7]。LOVは、飛行回数、飛行時間で表され、その時点に到達する前に航空会社の整備プログラムに追加点検などの措置を組み入れることによってWFDの発生、拡大を防止しようというものであり、運用の仕方によっては事実上の運航寿命となる。

　後述するように、過去には急進的な内容が産業界の強硬な反対を招き、採用自体が見送られた基準改正案があり、今回の改正案についても、内容が緩和された修正案に対してもまだ米国航空会社等の反発が強く[8]、最終案がどのような形に落ち着くのかはまだ明らかではない。

　従って、今回の改正が事実上の運航寿命制限を課するものとなるのかは本稿執筆時の2010年現在では不明であるが、運航寿命制限は、

航空機構造の疲労破壊防止のため、疲労強度基準の歴史の中で度々提起されてきたものである。今回の基準改正の行方が航空機構造の健全性維持にどのような意味を持つのかを理解するためにも、構造破壊事故とその再発防止策としての疲労強度基準等の設計基準の改正の歴史を知っておく必要がある。

なお、P.4 の表中の 1996 年の TWA 機空中爆発事故の原因は、構造破壊ではなく経年劣化した電線のショートによるとみられる燃料タンク爆発だが、この事故を契機として、構造ばかりでなく電線やタンクの経年劣化に対する検査等に関する新規則（FAR26）が 2007 年に制定されるなど、現在の経年化対策に大きな影響を与えていることから、本稿で取り上げることとした。

3 初期の疲労強度基準（1926〜53 年）

航空機の歴史が始まって以来、現在に至るまで、航空機構造破壊による事故で数多くの人命が失われ続けており、航空機構造の健全性をどのように維持していくかは、今もなお航空の安全にとって最重要課題の一つである。航空機構造の強度には静強度と疲労強度とがある。航空機の歴史の初期にはほとんど静強度のみが問題とされていたが、徐々に疲労強度の問題が重視されるようになり、与圧飛行の開始以降に特に疲労強度の問題が顕在化し、疲労による重大事故が発生するようになった。

なお、金属材料の疲労現象は航空機の出現以前から知られており、1800 年代の半ばには既に産業機械や鉄道で疲労による事故が報告されている。1842 年 5 月 8 日にベルサイユで起こった蒸気機関車の車

1840 年代鉄道車軸の応力集中による疲労破壊[9]

軸の疲労破壊による事故では70人以上が死亡したとも言われている[9]。

　初期の航空機事故にも疲労によるものと思われるものがあったが、初期の民間航空機の構造強度基準はほとんど静強度のみを規定するもので、疲労強度の規定はあってもごく簡単なものであった。

　米国の最も古い民間航空機の設計基準（耐空性基準）は、1926年に発行された「Air Commerce Regulation/Aeronautics Bulletin No.7」であるが、そこには疲労強度に関する記述はなく、その後発行された「Aeronautics Bulletin No.7A」でも次のような簡単な規定が追加されただけであった。

Aeronautics Bulletin No.7A
1933年1月1日発効版 第10章67節「Fittings」（F）（5）
「（略）……。振動が疲労破壊を生じる可能性のある操縦系と舵面の部分には標準アイボルト等を使用しないよう特に配慮すること。」
1934年10月1日発効版の第1章第9節「材料」（B）
「（略）……。部材とフィッティングの詳細設計では、材料の配分と形状を適正にすることにより疲労破壊防止への配慮を払わなければならない。」
注：現在、航空機構造の強度の安全率として広く用いられている「1.5」は、1933年発効の Aeronautics Bulletin No.7A にその起源があり、1934年版から明確に規定されるようになった。また、1934年は Air Commerce Act の改正もあり、事故調査の手続き明確化、報告書の裁判証拠採用禁止等も規定されている。

　民間航空機の耐空性基準は、Aeronautics Bulletin から、1937年に CAR（Civil Aviation Regulations）に再編成され、大型機の基準は、CAR04 から CAR04a、CAR04b となるが、疲労に関する基準は、1950年代半ばまでごく簡単な記述に止まっていた。

CAR04b「Airplane Airworthiness; Transport Categories」（1953年12月31日改正）
Subpart D「Design and Construction」

8　第1章

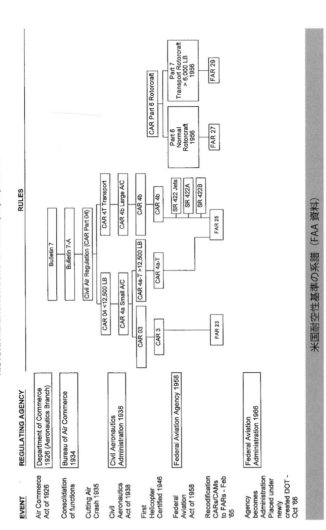

米国耐空性基準の系譜（FAA 資料）

Section 306「Material Strength Properties and Design Values」
(d) 構造の強度、詳細設計及び構成は、破滅的な疲労破壊の可能性を最小限にするようなものでなければならない。
注：応力集中部は、疲労破壊の主要な発生源の一つである。

　耐空性基準において疲労にあまり重きが置かれていない状況を一変させたのが、1950年代前半に起きた世界初のジェット旅客機の連続墜落事故であった。

4　コメット機連続墜落事故（1953～54年）

　現在では旅客機が与圧されていることは常識となっているが、航空機の与圧システムが開発されるまでには幾多の困難があった。1930年代のプロペラ旅客機は、与圧システムを装備していなかったため、巡航高度は 5,000ft ～ 10,000ft であり、低高度の不安定な大気の中を飛行しなければならず、快適性や定時性が低かった。

　世界初の与圧旅客機は、爆撃機である B-17 をベースに開発された Boeing 307 Stratoliner（成層圏旅客機の意味）であった。307 の巡航高度は、現代の旅客機から見ると遥かに低い 14,000ft 程度であったが、それでも 1940 年に TWA の米大陸横断路線に就航すると、それまでの DC3 の飛行時間を 2 時間短縮する 13 時間 40 分で飛行し、客室内の快適性も大いに高まった。しかし、第二次世界大戦が勃発したため、

Boeing 307[10]

307 も軍用に転用され、10 機しか生産されなかった[10]。

　第二次世界大戦が終了し、ジェットエンジンの開発が進展すると、1950 年代にいよいよジェット旅客機が登場することになった。米国のボーイング社、ダグラス社、英国のデハビランド社などが競ってジェット旅客機の開発に着手したが、世界初のジェット旅客機の栄冠を勝ち得たのはデハビランド社であった。

　1952 年 5 月 2 日、デハビランド・コメット 1 は BOAC の定期路線の世界初のジェット旅客機として就航した。コメット機は、巡航高度 35,000ft の高高度を高速で飛行し、客室内も極めて快適で、この世界初のジェット旅客機は大成功を収めたと思われた。事態が暗転するのは、奇しくも就航して丁度 1 年後の 1953 年 5 月 2 日であった。

　BOAC（British Overseas Airways Corporation：現在の British Airways の前身）のコメット 1 は、乗員乗客 43 名を乗せて、インドのカルカッタをデリーに向けて出発したが、離陸 6 分後に雷雨の中を飛行中に墜落し、搭乗者全員が死亡した。事故後の調査により、飛行中に航空機構造が破壊したことは判明したが、破壊の原因は、突風によるものか過大操縦によるものか、突き止めることはできなかった。

　この事故の記憶がまだ新しい 1954 年 1 月 10 日に次の惨事が発生した。BOAC のコメット 1 は、乗客乗員 35 名を載せてロンドンに向かってローマを出発したが、離陸 20 分後高度 27,000ft に到達しつつあった時に突然連絡を絶ち、エルバ島付近の海上に墜落した。

　この事故後直ちにコメット機による旅客輸送が中止され、BOAC、英国航空当局、デハビランド社は共同で事故調査を開始した。調査の結果、火災、フラッター、突風等が事故原因と疑われ、航空機構造に改修が加えられた。この時点でも航空機構造の疲労が事故原因の可能性ありと疑われていたが、それは与圧胴体の疲労ではなく翼の疲労であった。実施された再発防止策を考慮した結果、航空担当大臣はコメット機の飛行再開を許可し、1954 年 3 月 24 日に旅客輸送が再開された。

　しかし、飛行再開後わずか 15 日後の 4 月 8 日、乗員乗客 21 名を乗せてローマからカイロに向かったコメット機は、離陸 38 分後高度 35,000ft 近くを上昇中にまたもや海上に墜落し、搭乗者全員死亡の惨事が繰り返された。コメット機の飛行は再び中止され、4 月 12 日には、

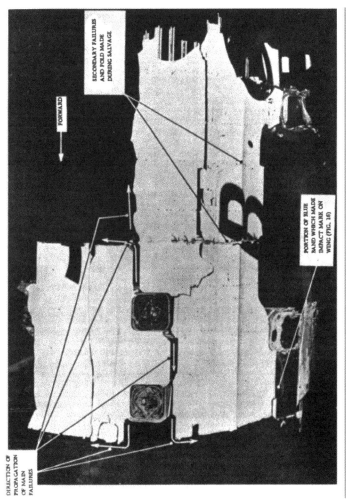

事故機胴体 ADF 設置窓からの亀裂進行状況[11]

航空担当大臣は全てのコメット機の耐空証明を停止した。

　一連の事故の重大性を認識した英国政府は徹底的に事故原因を調査することを決意し、王立航空研究所が調査を実施することになった。王立航空研究所は、2件の事故が上昇の最終段階に近づいた時点で発生していることに着目し、胴体の与圧荷重による疲労が事故原因である可能性を疑い、実機の全胴体を水槽に入れて繰り返し荷重試験を実施することを決定した。

　この荷重試験において、3,060回の与圧荷重を繰り返した時点で、応力集中部である胴体の窓のコーナーから疲労亀裂が発生することが認められた。事故機の与圧飛行回数は、1機目が1,290回、2機目が900回であったが、疲労亀裂の発生はばらつくことを考慮し、試験結果から、事故機は、事故発生当時、疲労破壊の危険性が高い状態にあったものと推定された。

　やがて、最初の事故機の残骸が海中から引き上げられ、胴体のADF設置窓のコーナーから疲労亀裂が発生していることが発見され、コメット機の連続墜落事故は、胴体の疲労破壊によるものであることが結論付けられた[11]。

　なお、1970年代に行われた全機疲労試験（実機全構造を用いて行う繰返し荷重試験）により、胴体に曲率があることから生じる面外曲げ（out-of-plane bending）により胴体外板の応力は内側が外側の1.26～2.03倍に達することが判明し、これがコメット機の早い飛行回数

水槽中での荷重試験[11]

での破壊に寄与したと指摘されている[12]。

　この事故以降も与圧は航空機構造の疲労強度上の最大問題となり続けていくのである。（航空機の荷重の中で、突風荷重や運動荷重については、大きな荷重は必ずしも毎飛行ごとには発生しないのに対し、与圧荷重は、ほぼ確実に毎飛行ごとに一定レベルが胴体構造に負荷され、疲労強度上の問題を発生し易い。）

5　疲労強度基準改正（1956 年）

　1950 年代に入り、航空機構造の疲労強度は応力集中のみが問題ではないことが理解されるようになってきたところに、コメット機の連続墜落事故が発生し、米国 CAA（Civil Aeronautics Administration）は、疲労強度基準を抜本的に見直すこととした。2 年間に及ぶ調査研究の結果、1956 年に CAR04b の第 3 次改正が発効した。この改正により、疲労強度設計の 2 つの柱である Safe Life と Fail Safe（その後、1970 年代に Damage Tolerance に発展）が初めて明確に規定され、大型機はこのどちらかの方法に従って設計しなければならないことが定められた。

　2 つの方法のうち、Safe Life（安全寿命）設計は、定められた運航寿命の範囲内では疲労破壊が発生しないように十分な安全率をとって設計するというものである。このため、運航中に予想される荷重、破壊した場合に運航の安全を損なうおそれのある主要構造部材を決定し、解析又は試験を実施しなければならないとされた。Safe Life 設計では、一般に、目標とする安全性（疲労破壊を起こさない確率）を設定し、統計的信頼性を考慮した安全係数により疲労試験で得られた飛行回数（破壊を起こした模擬飛行回数）を除した値を寿命としている。

　もう一つの疲労強度設計方法である Fail Safe 設計は、主要構造部材の一つに損傷が発生しても、検査によってその損傷が発見され修復措置がとられるまでの間は、残りの部材が荷重を受け持ち航空機の安全には支障がないようにする設計方法である。CAR04b の改正作業で Fail Safe 設計基準作成の上で最大の問題とされたのは、主要構造部材の一つに損傷が発生した後にも航空機が安全に飛行できるためには

残りの部材がどこまでの荷重に耐えられるように設計すべきかであった。

　損傷発生後に残りの部材が耐えられる荷重は Fail Safe 荷重と言われるが、これを決定するために航空機の運動荷重と突風荷重の発生頻度が研究された。多くの実機飛行データを解析した結果、運動荷重倍数が 2.0g となるのは 20 万 mile を飛行する間に 1 回しか発生しないとされ、運動の Fail Safe 荷重（+）は 2.0g が選定された。また、33ft/s の突風に遭遇する頻度は 5 万 mile に 1 回とされ、巡航速度 V_c における Fail Safe 突風速度として 33ft/s が選ばれた。なお、これらの Fail Safe 荷重は、破壊の動的効果を考慮しない限り、試験、解析において 1.15 倍の安全係数を乗じることとされた[13]。

　この改正により疲労強度基準は大幅に強化されたが、コメット機の事故原因を突き止めた全機疲労試験の義務付けは、事故後 40 年以上経った 1998 年の FAR25.571 の改正を待つことになる。全機疲労試験は、研究者、技術者の間では、航空機の疲労強度を確認するために必須と考えられていたが[12]、経済的理由により義務化が遅延するのである。

参考文献

1. Aviation Safety Council, Aviation Occurrence Report - In-Flight Breakup over the Taiwan Strait Northeast of Makung, Penghu Island China Airlines Flight CI611 Boeing 747-200, B-18255 May 25, 2002, （2005）
2. 運輸省航空事故調査委員会、航空事故調査報告書―日本航空株式会社所属ボーイング式 747SR-100 型 JA8119　群馬県多野郡上野村山中　昭和 62 年 8 月 12 日、（1987）
3. FAA, 14 CFR Parts 25, 121, and 129 - Aging Aircraft　Program: Widespread Fatigue Damage; Proposed Rule, （2006）
4. The Boeing Company, B-H300-06-EAP-51 （Boeing Comments to WFD NPRM, （2006）
5. Air Transport Association, Re: Aging Aircraft Program: Widespread Fatigue Damage, （2006）
6. FAA, Technical Document - Aging Aircraft Program: Widespread Fatigue Damage, （2008）
7. Nuss, M., Aging Aircraft 2009 - FAA Keynote Address, （2009）
8. Air Transport Association, Re: Aging Aircraft Program: Widespread Fatigue Damage, （2008）
9. Smith, R. A., Railways and Materials: Synergetic Progress, （2007）
10. The Aviation History On-Line Museum, Boeing 307 Stratoliner - USA, （2008）
11. ICAO, Aircraft Accident Digest No. 6, （1956）

12. Swift, T., Damage Tolerance in Pressurized Fuselages, 14th Symposium of the International Committee on Aeronautical Fatigue, (1987)
13. Dougherty, J. E., FAA Fatigue Strength Criteria and Practices, (1965)

航空機構造破壊
第2章

　前章では、1950 年代半ばまでの初期の航空機設計基準では疲労強度が殆ど考慮されていなかったが、1953 〜 54 年に世界初のジェット旅客機であるコメット機が与圧による胴体の疲労破壊によって連続墜落事故を発生し、1956 年に米国の民間大型機設計基準 CAR（Civil Aviation Regulations）4b が改正され、疲労強度設計の 2 つの柱である Safe Life と Fail Safe が規定され、民間大型機はこのどちらかの方法に従って設計しなければならないことが定められたところまでを紹介した。

　本章では、1950 年代後半から 1970 年代前半までに発生した、Fail Safe が Damage Tolerance へと発展するきっかけとなった米空軍機の連続事故と後年の JAL123 便にも関連する旅客機の与圧胴体破壊事故について解説する。

　民間機ではなく米空軍機の事故であるが、1958 年の B-47 の連続墜落事故と 1969 年の F-111 の墜落事故は、米空軍が民間に先行して損傷許容設計基準を導入するきっかけとなり、その後の民間機の設計基準に大きな影響を与えることとなった。

6 | 米空軍 B-47 連続墜落事故（1958 年）

　第二次世界大戦後の 1950 年代は米ソ冷戦時代であり、米国の安全保障政策の根幹は、核攻撃を受けたら直ちに大量の核報復攻撃を行える能力を維持することよって相手国の核攻撃を抑止するというものであった。当時、この核報復攻撃能力を担っていたのが長距離戦略爆撃機 B-52 と中距離戦略爆撃機 B-47 であり、仮にこれらが運用できなくなるような事態が発生すれば、それは直ちに米国の安全が保障されな

Boeing B-47 Stratojet[14]

くなることを意味していた。

　1958 年、この米国の安全保障政策に重大な懸念を与える事態が突如として発生した。

　まず、1958 年 3 月 13 日、フロリダ州ホームステッド空軍基地から飛び立ち急上昇していた B-47B が高度 15,000ft において、右主翼下面の胴体接合部付近が破壊して墜落する事故が発生した。この機体の飛行時間は 2,077 時間 30 分であった[15]。

　同じ日、訓練型機である TB-47B がオクラホマ州タルサ上空 23,000ft において、左主翼下面外板の胴体接合部付近が破壊し、左主翼が機体から分離して二番目の墜落事故が起こった。この機体の飛行時間は 2,418 時間 45 分であった。

　B-47 の事故はこれに止まらなかった。同年 3 月 21 日には飛行時間 1,129 時間 30 分の B-47E がフロリダ州エイボンパーク付近で空中分解、同年 4 月 10 日には飛行時間 1,265 時間 30 分の B-47E がニューヨーク州ラングフォード付近で空中爆発、同年 4 月 15 日には飛行時間 1,419 時間 20 分の B-47E がフロリダ州マッジル空軍基地から離陸して間もなく空中分解した。

　連続事故の原因は、操縦士の過大操作によると思われる 1 件以外は、疲労による構造破壊が疑われた。B-47 には、疲労の原因となり得るいくつかの要素があった。それらは、設計時の想定を上回る重量増加、

エンジン推力増加、離陸補助のためのロケット使用などであったが、最も影響が大きいと思われたのは、運用方法の変更であった。

B-47 は、設計時には高高度での運用が想定されていたが、ソ連の地対空ミサイル配備に対抗するため、1957 年後半より、低高度で侵入して急上昇中に核爆弾を投下し離脱する攻撃を想定する訓練が行われるようになった。急激な引き起こしは機体構造に高荷重を与え、また低高度飛行中の乱気流遭遇による荷重増大もあった。

米政府は B-47 の連続事故を国家の安全保障を脅かす極めて重大な事態と認識し、全力で事故原因の究明に着手した。ただし、B-47 の運用を停止して国家の安全保障上の問題を引き起こすことを恐れ、原因究明は秘密裏に行われ、疲労損傷発生が疑われる部位を点検・改修するとともに、速度制限、運動荷重倍数制限、低空飛行禁止などの高荷重を避けるための飛行制限の下に、B-47 の運用は継続された。

これら部位の点検・改修が進められるとともに、それらの対策の有効性を確認するため、実機 3 機を使用してボーイング、ダグラス、NACA（National Advisory Committee for Aeronautics：NASA の前身）で疲労試験が行われた。疲労試験の結果、追加された改修もあったが、

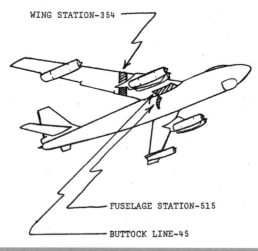

B-47 の点検対象部位（右側のみ表示）[15]

それまでにとられた対策の有効性が概ね確認された。

これにより、B-47 の構造健全性回復作業は一応完了することとなったが、B-47 の連続事故は米空軍に他機の安全性にも目を向けさせることになり、ASIP（Aircraft Structural Integrity Program）が制定され、米空軍機の構造健全性維持のための総合的対策が開始されることとなった。

7 米空軍 F-111 墜落事故（1969 年）

ASIP 制定により、米空軍機には全機疲労試験に基づく Safe Life（安全寿命）設計が適用されるようになり[16]、米空軍機の疲労強度問題はこれで解決されたかに見えた。

米空軍の Safe Life 設計は、前章で紹介した民間機の基準（CAR 4b）と同様に、定められた運航寿命の間には疲労破壊が発生しないように、疲労試験で得られた飛行回数を安全係数（Scatter Factor）で除した値をその寿命としたものであった。当初、用いられた安全係数は概ね 2~4 であったが、これによって製造のばらつきなどもカバーできると考えられていた。しかし、現実には、Safe Life 設計によっては疲労破壊を解消することはできなかった。

1969 年 12 月 22 日、米国ネバダ州で米空軍の可変翼戦闘機 F-111 が訓練飛行中に主翼が折れて墜落し、乗員 2 名が死亡した[17]。F-111 の主翼構造は、16,000 時間の疲労試験を完了しており、安全係数を 4 とすれば、4,000 時間の寿命がある筈であった。しかし、事故機の飛行時間はわずか 107 時間であり、事故時の荷重も制限荷重以下であった。

事故調査の結果、可変後退の左主翼のピボット金具に高強度材料として用いられた D6AC 鋼に製造時の初期欠陥があり、それが起点になって破壊が起こったことが確認された。このような初期欠陥は、ASIP の Safe Life 設計では想定されていなかったものであった。

この事故に加え、大型輸送機 C5-A 主翼の疲労問題もあったことから、米空軍は、航空機構造に製造時の初期欠陥が存在しても運用中の安全性が確保されるように、初期欠陥の存在を前提とする損傷許容（Damage Tolerance）設計基準を制定することとし、1972 年に MIL-

20　第2章

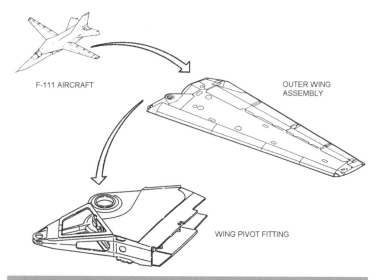

F-111の可変後退翼ピボット金具[18]

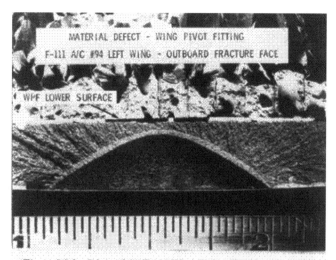

破壊の起点となった初期欠陥[17]
（下のスケールの目盛（1、2）はインチ）

STD-1530「Aircraft Structural Integrity Program, Airplane Requirements」を発行して ASIP の中で損傷許容性の基本要求を定め、1974 年にはその詳細要求を定めた MIL-A-83444「Airplane Damage Tolerance Requirements」を発行した[15]。

　このように、1956 年に Safe Life と Fail Safe という疲労強度基準を導入した米民間に比し、B-47 の連続事故以前には明確な疲労強度基準がなく遅れをとっていた米空軍は、1958 年から 1974 年にかけて Safe Life 基準と損傷許容設計基準を相次いで導入し、この分野で民間に先行することになった[注]。

注：同じ損傷許容設計といっても、米空軍基準と FAA 基準とでは大きな差がある[19]。破壊力学による解析等によって亀裂の進行速度を推定し、亀裂が臨界長に達する前に発見・修復できるように検査手法・間隔を設定することは共通しているものの、米空軍基準では存在を想定する初期欠陥の大きさを具体的に規定しているが、FAA の基準には初期欠陥についての具体的規定がない（1998 年改正で定性的規定のみ導入）。また、米空軍機には寿命も引き続き設定されているが、民間機については、Safe Life は Damage Tolerance が適用困難な構造にのみ適用されることとされ、一般的に機体には寿命は設定されていない。

　　これには、機材・整備コストの問題も関連しているが、近年、1998 年の FAR25.571 改正による全機疲労試験の義務付け、2006 年の WFD に関する NPRM による一定の運航寿命制限の提案など、民間機側に重大事故を契機とする基準見直しの動向がある（前章参照）。

　　なお、製造過程における金属材料の欠陥による民間機の事故は、機体構造の材料の欠陥によるものより、エンジン等の動力装置の高速回転体に用いられた合金の欠陥によるものが多い。次図は、1989 年の米国スーシティにおける UA の DC-10 の事故原因となった第 2 エンジン第 1 段ファンディスクの製造時の欠陥から進行した亀裂である。このような動力装置部品の製造欠陥による民間機の事故・インシデントが近年も少なからず発生している[20]。エンジン設計基準は機体設計基準とは別に規定されており、エンジン部品への Damage Tolerance の適用は、米空軍基準では 1980 年代に導入され、米民間基準（FAR33）には UA 機事故の勧告等を契機と

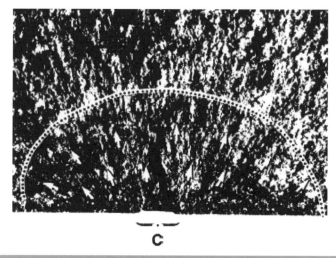

DC-10 エンジン・ディスク疲労亀裂[21]
(C：欠陥から生じた空洞、矢印：亀裂進行方向、破線：変色範囲)

して寿命制限部品の評価方式として 2000 年代に規定された（当初 2001 年に規定されたが、2007 年に修正、再規定）。

一方、民間では、1977〜78 年に疲労強度基準が見直されて損傷許容設計基準が導入されることになるが、その前の 1970 年代前半に、後年の JAL123 便にも関連する与圧構造破壊事故が相次いで発生する。

8　バンガード墜落事故（1971 年）

1971 年 10 月 2 日、ロンドンからザルツブルクに向け飛行していた BEA のバンガードは、巡航高度 19,000ft に到達して約 5 分後、突然、操縦不能になり垂直に降下中であることを告げる緊急通信を管制に送信してきた。送信開始から 54 秒後、機体は地上に激突して完全に破壊され、乗員乗客 63 人が死亡し、地上の 1 名が飛散物で軽傷を負った。事故機は初飛行後 12 年が経過した機体で、飛行時間は 21,684 時間に達していた[22]。

墜落現場には、主翼、エンジン、胴体主要部分が埋まった約 6m の

墜落現場（大きな穴が開き残骸が散乱）[22]

深さの穴が開き、その周囲約 300m 半径の範囲に機体残骸が散乱したが、左右の水平尾翼と昇降舵は数 km 離れた場所で発見され、水平尾翼は空中で分離したものと考えられた。さらに、後部圧力隔壁の腐食（原因としてトイレ漏水が疑われたが、断定できず）より亀裂が進行していることが残骸から発見された。

このため、後部圧力隔壁が破壊して流入した与圧空気によって水平尾翼が損傷・分離したことが疑われ、その発生メカニズムを検証するための実験が同系列型機を使用して行われることになった。実験機の水平尾翼はリベットのサイズが大きく構造が強化されていたため、右の水平尾翼が事故機と同じものに交換された。後部圧力隔壁に金属弁を付け、胴体側に与圧をかけた後に弁を開放し、尾部に与圧空気を流入させた。その結果、強化型の左水平尾翼は損傷しなかったが、事故機と同じ構造の右水平尾翼は上面と内部が変形しリベットが抜けるなどの損傷を生じた。

これによって、後部圧力隔壁に腐食による亀裂が進行し、その長さが臨界に達した時に与圧により後部圧力隔壁が一気に破壊して与圧空気が水平尾翼内に侵入し、水平尾翼が損傷・分離したものと結論付けられた。（次図の下部において、上の矢印が腐食の範囲、下の矢印が

事故直前まで進行していた亀裂の範囲をそれぞれ示している。）

　事故報告書は、水平尾翼を強化型に改修させることの検討、航空会社から機体メーカーへの重要不具合の通知などを求めているが、設計基準については次のように述べているのみである。

　「当該尾翼の設計が準拠している基準は、空気力学的荷重により生じるもの以外に、尾部構造の内部に相当程度の差圧が生じる可能性を考慮していなかった。また、本事故以前に得ることのできた経験と知識に照らして、尾部構造内部に内圧が存在し得ると想定することは理に適ったものではなかったであろう。」

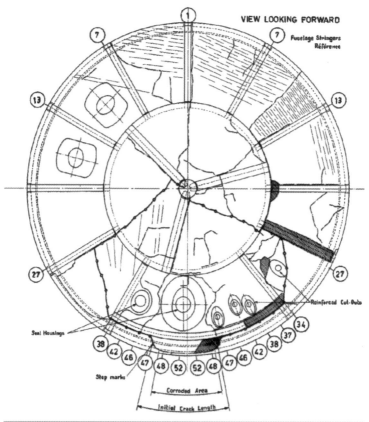

後部圧力隔壁の破壊の進行[22]

これは、この事故以前には、与圧空気が非与圧区域である尾部構造に侵入して内圧によって構造が破壊されることを予見することは困難であり、設計基準もそのようなことは想定していない事実を述べたものである。

しかし、事故報告書は、バンガードと同様に客室（与圧区域）と尾部（非与圧区域）を隔壁で隔てている他の旅客機についての再発防止策に踏み込むことはなく、設計基準に関する提言、勧告等は行われなかった。

9 DC-10 急減圧緊急着陸（1972 年）

1972 年 6 月 12 日、アメリカン航空 96 便 DC-10 -10 は、乗員乗客 67 名を乗せてデトロイト空港を離陸したが、5 分後に高度 11,750ft を上昇中、突然、異音とともに操縦系統に異常が生じ、機体が右に偏向した。機内に減圧が生じ、中央エンジンと方向舵が操作不能となり、昇降舵の操作も困難となったが、乗員は協力して機体を無事着陸させることに成功した。

事故調査の結果、不完全に閉められた貨物室のドアのラッチが機内外の圧力差を受けて開放し、貨物室ドアが機体から分離して貨物室が急減圧したため、貨物室と客室の圧力差により客室床が崩落し、操縦系統のケーブルが損傷したことが判明した[23]。

事故調査を行った NTSB は、乗員の対応を賞賛する一方、貨物室ドア開閉機構の問題点及び貨物室急減圧時に客室床崩壊を防止する圧力解放孔が設置されていないことを指摘し、FAA 長官に対し、その是正を求める次の勧告を行った。

①貨物室ドアが完全にロックされない限り、操作ハンドルと通気ドアが物理的に閉位置とならないように改修すること。

②貨物室急減圧時の客室床荷重を最小化するため、客室と後部貨物室の間に圧力解放孔を設けること。

（構造破壊等の一次的不具合の影響が周辺の重要な索、配線、配管等に及び損害が拡大することを防止するには、重要系統をできるだけ分散配置することが望ましい。本事故報告書では操縦系統の分散配置

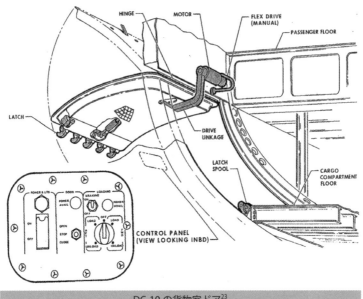

DC-10の貨物室ドア[23]

についての分析等はなかったが、後年の重大事故を契機として2007年に電気配線の空間的分離がFAR25に規定される。）

　これら2つの勧告のうち、貨物室ドアの改修は、ドアが空中で誤って開放しないことを確実にしようとするものであって、即応的対応である。これに対し、圧力解放孔の設置は、ドアの誤開放以外の原因であっても、急減圧によって客室床が崩壊することを防止するもので、より根本的な解決策である。

　もしこれらの勧告のうち、即応的対応である貨物室ドアの改修のみでも確実に実施されていたならば、この事故の2年後に発生するトルコ航空DC-10墜落事故は防げた筈であった。しかし、この改修については、FAAとメーカーのトップ間の話し合いによって義務化が回避され、確実な作業が実施されなかった。

　また、より根本的な解決策である圧力解放孔の設置の勧告については、DC-10等に対する改修命令が出るのはトルコ航空機事故翌年の1975年であり、これから設計される全旅客機に勧告の趣旨を適用す

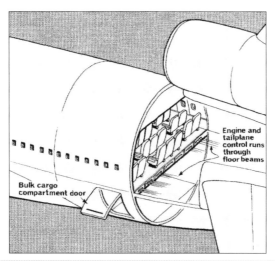

| DC10 客室床梁を通るコントロールケーブル[24] |

るための設計基準の改正は 1980 年のこととなる。

　なお、1980 年の設計基準改正は、機体に一定の大きさの穴が開いて生じる急減圧に与圧区域内の床等が耐えられることを求めるもので、その適用範囲は与圧区域に限定されており、バンガード事故のように、噴出した空気の圧力により非与圧区域（尾部）にある安全上重要な系統が破壊されることの防止までは求めていなかった。

　（仮に、アメリカン航空機事故とバンガード事故とを考えあわせることができたとしたら、与圧区域が損傷すれば、噴出空気が非与圧区域に流入して、そこにある構造、配線、配管を損傷し、飛行の安全が脅かされ得ることに気付くことができた可能性はあったのかもしれない。しかし、急減圧時の非与圧区域の安全性確保を求める設計基準改正は、後述するように、JAL 123 便事故が発生した後、その再発防止策として 1990 年に制定されることとなる。）

10 却下された技術者の勧告（1972年）

　アメリカン航空機事故の2年後にトルコ航空 DC-10 墜落事故が発生するのであるが、なぜ NTSB の勧告は速やかに実施されなかったのであろうか。

　FAA とメーカーのトップ間の話し合いによる改修義務化の回避については後述するが、ここでは、技術的に正当な安全対策が取り上げられなかった当時のメーカー内部の驚くべき実態を紹介する。なお、これらのことは、トルコ航空機事故の犠牲者の家族が提起した訴訟（ホープ対マクダネルダグラス）の中で明らかにされたものである[25]。

　DC-10 の胴体は、マクダネルダグラス社が定めた基本仕様に従って、下請け会社であるコンヴェア社が細部設計を行っていた。コンヴェア社の生産技術部長であったアップルゲイトは、デトロイトでのアメリカン航空機緊急着陸事故の15日後に次のようなメモを上司に送り、DC-10 の設計上の問題に対する根本的解決策の実施をマクダネルダグラス社に求めることを強く訴えた。

［アップルゲイトのメモ（抜粋）］
1972年6月27日
題：DC-10 の将来の事故責任

　いくつかの理由により DC-10 に関し当社に長期的責任が生じる可能性があることが私の懸念を増大させてきている。（略）

　1970年の地上試験で貨物室が爆発的減圧に曝された時に、この飛行機が本質的に破滅的損壊を生じ易いことが実証された。（略）

　1970年7月、ダグラス社は格納庫内で DC-10 の2号機の加圧試験を実施した…しかし、前方ドアのラッチが十分にかからなかった。…、客室圧力が 3psi に達した時に、前方ドアが激しい勢いで開いた。爆発的減圧により、客室床が崩落し、床を通っている尾翼操縦索、配管、電線等が不作動となった。この破壊モードは、水平・垂直尾翼と中央エンジンが操作不能となる破滅的なものである。我々は、この是正措置をダグラス社とともに非公式に研究し議論した。それらには、客室

床にブローアウトパネルを設置して、尾翼と中央エンジンが操作不能となることなく、貨物室の爆発的減圧に対処…することも含まれていた。マーフィーの法則が教えるように、今後 20 年間のうちに DC-10 の貨物室ドアが開くことが予測されたので、我々にはそのような措置を行うことが賢明と思えた。

　しかし、同時期にダグラス社は自社内で別の是正措置を検討し、貨物室ドアに通気ドアを付けるという一方的な決定を行った。このようなその場しのぎでは、客室床崩壊という DC-10 固有の破滅的破壊モードを是正できないばかりか、通気ドア変更の詳細設計は、…元の貨物室ドアのラッチの安全性をさらに低下させるものとなっていた。（略）

　1972 年 6 月 12 日にデトロイトで、…、DC-10 が高度 12,000ft に到達する前にドアが激しい勢いで開いた時、客室床が崩落し、尾翼と中央エンジンの大部分の制御が失われた。同機が墜落しなかったのは単なる偶然に過ぎない。ダグラス社は再び是正措置の検討を行い、さらなるその場しのぎを行おうとしているように思われる。（略）

　貨物室ドアを真にフールプルーフにして、客室床はそのままにしておけばいいのではないか、という疑問はもっともである。しかし、ラッチをフールプルーフにすることが可能であったとしても、それはこの飛行機の根本的な欠陥を解決できない。貨物室は、テロ、空中衝突、可燃物の爆発などの多くの原因によって、爆発的減圧を生じ得るのである。（略）

　来る 20 年間のうちに DC-10 の貨物室ドアが開くことは不可避であり、それは通常は航空機の墜落という結果になると私は考える。この根本的な破壊モードは、ダグラス社とコンヴェア社の双方の組織の内部で、過去に議論され、現在も再び議論されている。しかし、ダグラス社は、我々か航空会社に費用を支払わせることを期待し、政府の指示又は規則制定を待ち望んでいるように思われる。（略）

　根本的な客室床の破滅的破壊モードを是正する改修を DC-10 に施す決定を直ちに行うよう、ダグラス社を説得するために、最高経営レベルで交渉開始することを勧告する。（略）

F.D. アップルゲイト

生産技術部長

この勧告に対し、アップルゲイトの上司は次のように回答している。

［アップルゲイトの上司の返信（抜粋）］
1972 年 7 月 3 日
発信：J.B. ハート
題：DC-10 の将来の事故責任
参照：F.D. アップルゲイト・メモ、1972 年 6 月 27 日付
　私はアップルゲイト・メモに記された事実又は懸念に異論を唱えない。しかし、本件を考慮する上では別の観点から物事を見る必要がある。（略）
　我々の技術者と FAA の専門家の意見によれば、この設計思想、貨物ドア構造、及び当初のラッチ機構設計は FAA 基準を満足しており、従って本機は理論的には安全で型式証明取得可能である。（略）
　私は、アップルゲイト・メモに的確に示された懸念に基づき、床の圧力解放装備を真剣に検討するようにダグラス社担当部門に勧告することを考慮したが、…、そうしないこととした。（略）
　ダグラス社はそのような勧告を、当初の設計思想に当社が同意したことは誤りでその後に発生した全ての問題と是正措置に責任があったと当社が暗黙に認めたものと直ちに解釈すると私は確信する。（略）
　本件に関するダグラス社との全ての直接の話し合いは、発生する費用の全て又は相当部分を当社が負担しなければならない立場に追い込まれる結果になり得るとの前提に基づくべきであると私は考えている。
J.B. ハート
DC-10 支援事業本部長

　つまり、この上司は、アップルゲイトの指摘の技術的正しさを認めながら、その指摘をマクダネルダグラス社に伝えれば、改修費用はコンヴェア社の負担になることを懸念したのである。この件を検討するコンヴェア社の会議が副社長も出席して行われたが、自社の経済的負担の増大を懸念するこの上司の見解が支持され、アップルゲイトの勧告は却下され遂に実現することはなかった。また、メーカーばかりで

なく FAA も、後述するように、根本的対策を進めなかったばかりでなく、即応的改修を強制化することもしなかった。

　そして、アップルゲイトの予測は 20 年以内の墜落であったが、現実には、わずか 2 年後に乗員乗客 346 名が死亡する当時世界最大の事故が発生することになる。

参考文献（番号は、1 章からの一連番号）

14. The Aviation History On-Line Museum, Boeing B-47 Stratojet - USA,（2008）

15. Neggard, G. R., The History of the Aircraft Structural Integrity Program - ASIAC Report No. 680.1B,（1980）

16. Lincoln, J. W., Aging Systems and Sustainment Technology,（2000）

17. USAF, Handbook for Damage Tolerance Design,（2009）

18. Weller, S. and McDonald, M., Stress Analysis of the F-111 Wing Pivot Fitting,（2000）

19. Eastin, R. G., Contrasting FAA and USAF Damage Tolerance Requirements,（2005）

20. FAA, Airworthiness Standards; Aircraft Engine Standards for Engine Life-Limited Parts（Final Rule）,（2007）

21. NTSB, Aircraft Accident Report: NTSB/AAR-90/06,（1990）

22. Civil Aeronautics Administration, Belgium, Report on the Accident to BEA Vanguard G-APEC on 2 October 1971,（1972）

23. NTSB, Aircraft Accident Report: NTSB-AAR-73-2,（1973）

24. Flight International, 14 March 1974, p319

25. Eddy, P., Potter, E. and Page, B., Destination Disaster,（1976）

航空機構造破壊
第３章

　前章では、米空軍が損傷許容設計基準を制定する契機となった米空軍機事故と 1971 年にバンガード機が後部圧力隔壁の破壊によって噴出した与圧空気によって水平尾翼が破壊されて墜落した事故について解説し、最後に、1972 年のアメリカン航空 DC-10 の貨物室ドア空中開放による急減圧事故とその再発防止策の不徹底について述べた。今回は、その不徹底が当時の航空史上最大の事故に結びついていくことについて解説する。

11 トルコ航空 DC-10 墜落事故（1974 年）

　1974 年 3 月 3 日、トルコ航空 981 便 DC-10-10 はパリ郊外エルメノンビルの森に墜落し、乗員乗客 346 名全員が死亡した [26]。それまでの航空事故での最大の犠牲者数は 176 名（1973 年ヨルダン航空 B707）であり、この事故は当時の航空史上最大の事故となった。

　犠牲者に多数の日本人が含まれていたこともあり、この事故は当時の日本国内で大きく報道され、また、事故機の当初の売却予定先が全日空だったことも後日判明して話題となった。

　事故機は、当日、イスタンブールを出発してパリ・オルリー空港に 10 時 2 分（国際標準時）に到着した。事故機の次の目的地はロンドンであった。当日は他の航空会社でストライキがあり、別便でロンドンに向かう予定であった多数の乗客がオルリー空港で事故機に乗り込んできた。これらの乗客には、その春に大学を卒業して企業に就職が内定していた日本人団体研修生 38 名が含まれ、事故機には日本人が48 名搭乗することとなった。

　多数の乗り換え乗客がいたため、事故機は予定より遅れて 11 時 31

墜落現場に散乱する残骸[25]

分頃に離陸したが、上昇中の11時40分頃、高度約12,000ftにおいて、突然、機内に急減圧が生じて操縦不能となった。事故機は、急減圧発生後、約77秒間急降下し、速度は約800 km/hrに達し、下方に4°、左に17°傾いた姿勢でエルメノンビルの森に墜落した。機体残骸は、幅100m、長さ700mにわたって散乱した。

調査の結果、この事故は2年前のアメリカン航空機事故と共通点が多いことが判明した。

どちらの事故も、不完全に閉められた貨物室のドアのラッチが機内外の圧力差を受けて開き、貨物室ドアが機体から分離して貨物室が急減圧したため、貨物室と客室の圧力差により客室床面が崩落し、操縦系統のケーブルが損傷したことに至るまで全く同じであった。

ただ異なっていたことは、アメリカン航空機では乗客数が少なく床面にかかる荷重が小さかったのに対し、トルコ航空機は乗客が多く床面荷重が大きかったことであった。このため、トルコ航空機では、床面が広範囲に崩落し、乗客6名が客席とともに機外に吸い出され、床面の下を通っていた操縦系統も激しく損傷し、操縦が完全に不能となり墜落に至ったことであった。(次頁の図は、貨物室に減圧が生じて、操縦ケーブルなどが通っている客室床が崩落し、貨物室ドアから客席が吸い出される過程を示している。)

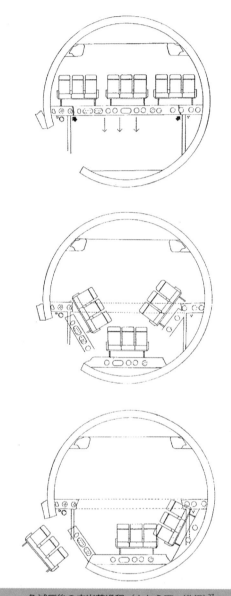

急減圧後の床崩落過程（上から下へ進行）[27]
・崩落した床梁に尾翼と中央エンジンの操縦索が通っていた。
・6名の乗客が座った2つの3席座席が吸い出された。

アップルゲイトの「DC-10 の貨物室ドアが開くことは不可避であり、それは通常は航空機の墜落という結果になる」という予測（前章参照）が不幸にも完全に的中したのである。

では、アメリカン航空機事故の後、なぜ有効な再発防止策がとられなかったのであろうか。

貨物室ドアの欠陥

トルコ航空機事故のほぼ 2 年前の 1972 年 6 月 12 日に発生したアメリカン航空機の事故調査を行った NTSB は、調査に着手後すぐに DC-10 の設計上の問題点に気付き、事故発生後 1 カ月も経たない 1972 年 7 月 6 日、FAA 長官に対し、貨物室ドアが不完全にロックされないように改修することと、客室と後部貨物室の間に圧力解放孔を設けることの 2 つの勧告を行った。

これに対し、FAA 長官は、勧告の翌日の 7 月 7 日、圧力解放孔の設置は実施困難であるが、貨物室ドアの必要な改修はマクダネルダグラス社の技術通報 SB（Service Bulletin）52-27 と SB52-35 に従って行われる見込みであるとの回答を行った[23]。

この回答で言及された貨物ドアの改修は、SB 52-27 が電圧低下で貨物室ドアが不完全に閉まることのないように電気配線を容量の大きい太いものに変更するもので、SB52-35 が貨物室ドアのロックを目視で確認するのぞき窓を付けることであった。貨物室ドア改修の SB は、この 2 つ以外にもさらに発行された。

アメリカン航空機事故では、貨物室ドアがロックされていないのに地上作業員が無理やりにハンドルを押し込んでドアを閉めたため、ドアが空中で開いてしまった。本来であれば、ロックされていなければ、ハンドルを閉位置にできない筈であったが、強い力でハンドルを押し込んだので、ハンドルに連結している棒が変形したのであった。

ロックされないままドアが閉められることを防止するため、無理に閉めようとする場合にはさらに大きな力を必要とするようにロックピンの取付位置が変更されたが、これに加えて、SB 52-37 が発行され、連結棒の変形止め金具の取り付けが指示された。この SB を実施すれば、不完全なロックのまま閉めることは不可能となる筈であった。た

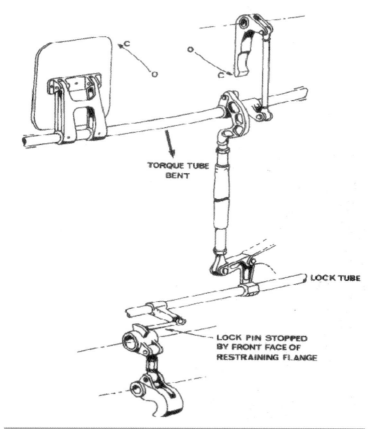

貨物室ドアを無理に閉めた時の連結棒の変形 [26]
(ロックピンがフランジに当たっているが、ハンドルを無理に下げると連結棒が曲がって通気ドアが閉まる)

だし、この SB は緊急性のあることを示す Alert SB としては発行されなかった。

　事故機は、製造記録によれば、この SB が実施されたことになっていたが、貨物室ドアの残骸を調べてみたところ、変形止め金具は取り付けられていなかった。また、ロックピンの取付位置の調整も不良で、貨物室ドアが完全に閉められてなくてもハンドルは少しの力で押し込むことができたことが判明した。

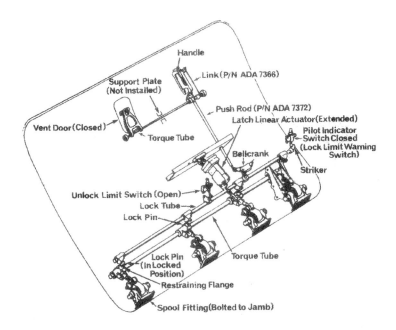

**CLOSING AND LOCKING MECHANISM
(CLOSED AND LOCKED POSITION)**

事故機の貨物室ドア[26]
（変形止め金具（Support Plate）が取り付けられていない）

　これらのことから、次のようにして、事故機は貨物室ドアが不完全に閉められたまま出発したものと推定された。
・貨物室ドアを閉める電気モーターが途中で止まり、ラッチのリンク機構は、押し戻す力が働いても逆回転しないオーバーセンター位置まで動かず、ドアのロックピンもかからなかった。
・連結棒変形止め金具がなく、ロックピンの取付位置の調整も不良[注]のため、作業員は少しの力でハンドルを閉位置にすることができ、ロックされていなければ与圧がかからないように開いたままとなる筈の通気ドアも閉まった。
・作業員はのぞき窓をのぞいてロックを確認しなかった。（作業員は、その確認を自分でしたことはなく、その目的も知らなかった。また、作業員は英語圏の人間ではなかったため、ハンドルの近くにあった

38　第3章

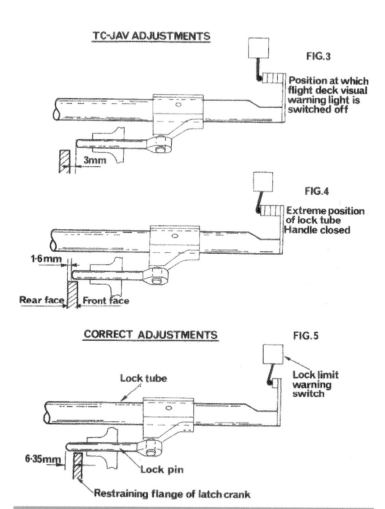

警告灯スイッチとロックピンの調整位置[26]
(上の2図は事故機の調整位置、最下図は正しい調整位置(閉位置)。最上図ではロックピンがフランジ面3mm手前ですでにスイッチが作動、中間図では閉位置でもロックピンはフランジ面から1.6mmしか出ていない。)

英語の注意書きを読めなかった。なお、この確認作業は、本来、彼の業務ではなかったとの意見がある[25]。

・操縦室の警告灯は、貨物室ドアがロックされていなければ点灯し続け、ロックピンがかかるとスイッチが作動して消灯するように調整

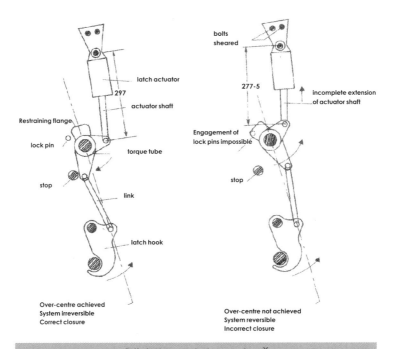

貨物室ドア・アクチュエーター [26]
（左が正常に閉められた状態。右が事故機の状態で、ロックピンがかからず、アクチュエーターがオーバーセンターしていないので、取付ボルトに力がかかり破断した。）

されている筈であったが、作動位置の調整不良[注]でロックピンがかかる手前でスイッチが作動し、消灯した。

注：これらの調整がどこで行われたかについては、事故報告書は明言しておらず [26]、メーカーと航空会社のどちらであるかについては争いがある [25]。

事故報告書は、事故機の離陸後については次のように推定している。
　貨物室ドアのロックピンがかからず、アクチュエーターはオーバーセンター位置まで伸びていなかった。このため、機内外の圧力差によってドアにかかる力がラッチを通じてアクチュエーターの取付ボルトにかかった。事故機がアメリカン航空機の貨物室ドアが開いた高度とほぼ同じ約 12,000ft に達した時、取付ボルトが破断してラッチが開き、貨物室ドアが機体から分離し貨物室が急減圧となった。客室と貨物室

の間に生じた圧力差により客室床が崩落し、床面の下を通過していた尾翼と中央エンジンの操縦索が損傷し、事故機は操縦不能に陥って墜落した。

事故報告書は最後に、「これらのリスクは、ウインザー事故（アメリカン航空機事故）が発生した 19 ヶ月前に全て明らかとなっていたが、何らの有効な是正措置もとられなかった。」と結んでいる。

発行されなかった AD

また、事故報告書は、安全勧告の中で、アメリカン航空機事故の再発防止のための改修措置が AD（Airworthiness Directive：耐空性維持のため改修等を強制化する航空当局の命令）とされず、そのため、改修措置が関係者の関心を引かなかったことを指摘し、「財政的に如何なる影響があろうとも、安全が重大な危険に曝されているおそれがある場合には必ず AD という強制手続きを選択すべきである。」と述べている。

現在の国際民間航空条約第 8 附属書は、航空機設計国（航空当局）は耐空性維持に必要な措置を AD 等として通知しなければならないこと規定しているが、当時でも、米国 FAR39 は、不安全な状態が同じ設計のものに発生する可能性が高い場合には AD を発行することを規定していた。

従って、DC-10 の貨物室ドア改修に対しては AD が発行されるべきことは当然であったが、事故報告書が示唆しているのは、改修指示が法的な実施義務のないメーカーの技術通報である SB としてのみ発行されるだけではなく AD によって強制化されていれば、改修作業はより慎重に行われ、変形止め金具の取り付けが行われないなどのミスは起こらなかったのではないかということである。作業ミスがなければ、ロックされていないドアのハンドルを閉めることはほぼ不可能となり、この事故は回避された筈であった。

では、なぜこの SB は AD 化されなかったのであろうか。この経緯については、当時の FAA 西部地方局長バスナイトが覚書を残し [25]、また米議会調査委員会でも証言を行っている。それらによれば、当時、シェーファー FAA 長官は、マクダネルダグラス社ダグラス部門のマ

クゴーエン社長に対し、電話で、改修は「紳士協定」で行えばよいのでADは発行しないと約束を行い、FAA西部地方局で作成作業が進んでいたAD草案を廃棄するように指示した。廃棄されたAD草案は再発防止策の一部のみを対象としていたものであったが、FAA長官の指示があった後、FAA西部地方局は、DC-10貨物室ドアに関する一切のADの発行を断念した。この結果、DC-10貨物室ドアに対してADが発行されるのは、トルコ航空機事故発生後となった。

貨物室ドアの改善

　事故後発行されたADにより、DC-10貨物室ドアについて、変形止め金具やのぞき窓の設置などの改修や点検が義務化された。それらのAD中で、貨物室ドアが完全にロックされない限り操作ハンドルと通気ドアが物理的に閉位置とならないことを求めるNTSBの勧告に直接応えたものは、SB52-49を義務化するものであった。このSBによる改修は、強い力を加えると変形してしまったハンドルと通気ドア間

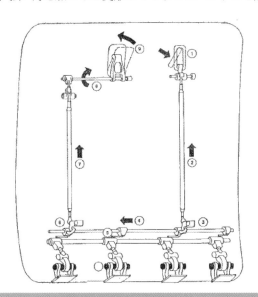

SB52-49による改修[26]
(①のハンドルを下げると⑤のロックピンが左に動く。ロックピンがロック位置まで移動しなければ①のハンドルと⑨の通気ドアは閉位置にこない。)

の連結棒をなくしてしまい、ハンドルの操作の伝達経路を単一にするものであった。これによって、ハンドルを下げてロックピンがかかったら初めて通気ドアが閉じることになったので、ロックがかかっていないのにハンドルと通気ドアを閉位置にすることは物理的に不可能となった。なお、これはボーイングがすでに採用していた方式であった。

　ドアの空中開放を防止するために、運航中の機体に対する以上の対策に加え、型式証明をこれから申請する大型機に適用される設計基準が1980年に改正され、外部ドアのロックの直接目視確認、完全にロックされていない場合の乗員への警報と加圧防止などに関する規定がFAR25.783に追加された。

　（なお、トルコ航空機事故の後にもドアの空中開放による事故が発生する。1989年、ユナイテッド航空のB747の前方貨物室ドアが空中で開き、9名の乗客が機外に吸い出され、死亡したものと認定された。NTSBは、最初の報告書では、ドアは不完全に閉められていたものとしたが、貨物室ドアを海中から回収して再調査した結果、ドアは一旦ロックされたがスイッチ又は配線の不具合によりラッチが開方向に駆動されたものと修正した[28]。この事故などにより、2004年にFAR25.783は抜本的に改正されたが、その改正の中にドア操作システムの部品の組立・調整誤りの防止策も盛り込まれた[29, 30]。）

急減圧に関する設計基準の改正

　一方、アメリカン航空機事故後にNTSBが根本的対策として勧告した圧力解放孔については、その勧告より前に、DC-10胴体メーカーの技術者（アップルゲイト）がその設置を求めていたことを前章で紹介したが、FAAも、勧告直後には設置に否定的な回答をNTSBに対して行ったものの、その後、マクダネルダグラス社に文書で圧力解放孔を追加することを検討するよう求めた。しかし、同社は、そのようなことは産業界全体が考えるべきことなので同社のみで検討することは拒否すると回答したが、その回答はトルコ航空機事故発生のわずか数日前のことであった。そして、客室と貨物室間に圧力解放孔が追加設置されることも事故後のこととなった。

　なお、貨物室の急減圧に対応するための圧力解放孔は、事故当時の

DC-10に全くなかったのではなく、小規模のものが設置されていた。トルコ航空機事故を調査した米議会委員会において、マクダネルダグラス社ダグラス部門の当時の社長であったブリゼンダインは、DC-10の後方貨物室の圧力解放孔の面積は前方に比し小さく、後方の能力は貨物室ドアの数分の一の開口にしか対応できないものであったという趣旨の証言を行っている[27]。同社長はこのような設計となった理由については述べていないが、それは次のようなものであった可能性が考えられる。

DC-10に適用された設計基準は、1970年時に有効だったFAR25であるが、それには、与圧室に複数の区画がある場合は、ドア等の故障等（発生確率が微小と証明されるものを除く）によって開口がどの区画に生じても、飛行・地上荷重を受け持つ構造は開口による急減圧に耐えられなければならないと規定されていたが、想定すべき開口面積についての具体的基準はなかった。

このように、設計時においては、貨物室の急減圧を想定するべで

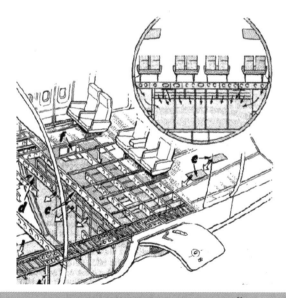

DC-10の圧力解放孔設置改修（図示は一部）[31]
（英字は一定の差圧で開くパネル等を示す）

44　第3章

あることは規定されていたものの、どのような規模の減圧に対応すべきかについての明確な基準がなかったため、設けることにした[注]圧力解放孔の面積については、床面周辺の構造強度に余裕のなかった後方は前方に比して小さくせざるを得なかったのではないかと思われる。すなわち、具体的基準のないものはコストや重量管理などの既定の要件から許される範囲で付け足されるに過ぎなかったのではないだろうか。そして、いったん設計が固定化された後では、1972年にアメリカン航空機の減圧事故が発生し、NTSBの勧告を受けてもなお、構造の大幅な変更を伴う改修が拒否され続けることになったのである。

注：ブリゼンダインは、圧力解放孔は設計当初から設定されていたと証言しているが、1970年の地上試験で前方貨物室ドアが開いて床面が崩落した事件の後に初めて圧力解放孔が設置されたとする報告もある[27]。

　トルコ航空機事故後、貨物室急減圧時の対応能力を高めるため、すでに型式証明を受けていた大型機（DC-10、L-1011、B747、A300）に対しては1975~6年にADが発行され、改修の義務付けが行われた。航空会社は、コストと重量のペナルティが大き過ぎるとしてADに強硬に反対したが、今回はFAAも反対を押し切ってADを発行した。

　また、型式証明をこれから申請する大型機に対しては、1980年に設計基準が次のように改正され、想定すべき開口面積が明確化された。

FAR25.365（e）（改正要旨）
　与圧室内の仕切り、隔壁及び床は、次の3つのどの状態が発生しても、それから生じる圧力の急激な解放に耐えるように設計されなければならない（発生する荷重は終極荷重[注]としてよい）。
　（1）エンジンの分解、飛散による客室の貫通
　（2）客室、貨物室の開口（胴体与圧部最大断面積から算定される面積（最大20ft²））
　（3）発生確率が極小と証明されない故障による最大開口

注：終極荷重とは、運用中予想される最大荷重（制限荷重）に安全係数（通常、1.5）を乗じたもの。

（上記の規定については、次のような経緯がある。

　ドア開放による急減圧による最も初期の事故の一つとして、1952年のパンアメリカンのB377の事故がある。この事故では、不完全に閉められた客室ドアが飛行中に開き、ドア近くの座席に座っていた乗客が吸い出され行方不明になった[32]。

　この事故があってか、当時の米国の大型機設計基準であるCAR 4bの1953年版の216（c）（4）項に、

　「与圧室が隔壁、床で2区画以上に区分されている場合は、主要構造は、外部ドア、窓のある区画における急激な圧力解放に耐えられるように設計されなければならない。これについては、区画に生じる最大開口による影響を検討すること。区画間の差圧を解放する設備がある場合は、その効果を考慮してもよい。」

　との趣旨の規定が追加された。この規定は、CARがFARに編纂された時にFAR25.365（e）（f）に受け継がれ、トルコ航空機事故を受け、1980年に上記の改正が行われたものである。さらに、1990年にはJAL123便事故を受けて適用範囲が尾部等の非与圧区域に拡大される。）

　なお、1967年の米国運輸省発足時に、CAB（Civil Aeronautics Board）より航空事故調査権限を引き継ぎ、運輸省内の一機関として事故調査を行っていたNTSBは、他の政府機関に対する勧告等を適切に行っていくためには独立性が必要とされ、独立安全委員会法の成立によって、1975年4月1日に運輸省から分離されて独立機関となった[33]。

参考文献（番号は、1章からの一連番号）
23. NTSB, Aircraft Accident Report: NTSB-AAR-73-2,（1973）
25. Eddy, P., Potter, E. and Page, B., Destination Disaster,（1976）
26. Commission of Inquiry, Secretariat of State for Transport（France）, Accident to Turkish Airlines DC-10 TC-JAV in the Ermenonville Forest on 3 March 1974,（1976）
27. Godson, J., The Rise and Fall of the DC-10,（1974）
28. NTSB, Aircraft Accident Report: NTSB/AAR-92/02,（1992）
29. FAA, Docket No.FAA-2003-14193; Amdt. No. 25-114,（2004）
30. FAA, AC 25-783-1A,（2005）
31. Flight International, 6 Dec. 1976, p1646
32. CAB, Accident Investigation Report 1-0062,（1952）
33. US. Public Law No. 93-633, Independent Safety Board Act of 1974,（1975）

航空機構造破壊
第4章

　これまでに、1970年代前半までの構造関係の重大事故や設計基準改正などについて述べてきたが、本章では、1970年代後半の疲労強度基準改正、Fail Safe設計の瑕疵による重大事故とそれをきっかけとした航空機の検査プログラムの設定などについて解説する。

12 損傷許容設計基準の成立（1977~78年）

　航空機構造の強度には静強度と疲労強度とがあるが、前章で解説したトルコ航空DC-10の事故の再発防止策として行われた航空機設計基準の改正は、与圧構造に一定の大きさの開口が生じて急減圧が発生してもその影響に床面等が耐えられなければならないことを規定するもので、静強度に関するものであった。

　一方、疲労強度の基準については、1953~54年のコメット機の連続墜落事故後、米国CAA（Civil Aeronautics Administration）は、1956年にCAR（Civil Aviation Regulations）4bを改正し、疲労強度設計の2つの柱であるSafe LifeとFail Safeを規定し、民間大型機はこのどちらかの方法に従って設計しなければならないことを定めていた（1章5節参照）。また、米空軍は、1969年のF-111の墜落事故を契機として、航空機構造に製造時の初期欠陥が存在しても運用中の安全性が確保されるように、1972~74年に損傷許容（Damage Tolerance）設計基準を制定した（2章7節参照）。

　1950~60年代に、米国の民間航空の安全性を所管する組織はCAAからFAAに、民間機の設計基準（耐空性基準）はCARからFAR（Federal Aviation Regulations）となっていたが（1章3節「米国耐空性基準の系譜」参照）、FAAは、1977年3月に疲労強度基準を抜本的に見直すた

めの国際会議を開催し、その検討結果に基づき、1978 年に FAR 25.571 を改正し、Damage Tolerance を民間大型機の疲労強度基準に採り入れた[34, 35]。

　Damage Tolerance は、改正文の中で「Damage Tolerance（Fail Safe）」と表記されたように[注]、構造の一部に損傷が発生してもそれが発見、修復されるまでの間は残りの構造部分が荷重を受け持ち安全は保たれるという基本思想は、それまでの Fail Safe と同じである。ただし、それまでの FAR における Fail Safe では、発生する損傷を部材の完全な破壊や外板の部分破壊のように一見して明らかなものと仮定していたが、Damage Tolerance では、一般目視検査で容易に発見できる損傷のみを対象と限定せず、損傷を的確に発見できる検査（非破壊検査を含む）の設定に重きが置かれた。このため、損傷の進行速度や発見可能性の評価が求められ、損傷を発見するための初回検査時期、繰返し検査の間隔が極めて重要な役割を果たすことになった[36]。

注：1990 年の改正で、Damage Tolerance と Fail Safe は同義ではないとの理由で
　　この表記は削除された。

　この改正により、疲労強度設計は、原則として Damage Tolerance を適用し、それが困難な構造部分についてのみ Safe Life が認められることになった。（Damage Tolerance の適用が困難な例としては、生じた損傷が検査によって発見することが困難な小さなうちでも、運用中予想される最大荷重を受けた場合、急激に破壊するおそれのある高張力鋼を使用している着陸装置などがある。）

　また、疲労に加えて腐食や偶発的損傷を考慮すること、同時多発損傷（MSD：Multiple Site Damage）を評価の対象に入れること、Fail Safe 荷重（損傷発生後に残りの部材が耐えられる荷重）の引き上げなどの改正も併せて行われた。

　ただし、この改正においても、コメット機の事故以降、その重要性と必要性が幅広く認識されてきた全機疲労試験（実機の全構造を使って行う疲労試験）の義務付けは見送られた。改正案に寄せられたコメントにもその義務付けを要望するものがあったが、FAA は、全機疲労試験は必ずしも実運用と同じ結果をもたらすものではない、安全性は他の規定で担保されるなどの理由を述べて、その要望を退けた。

FAA がこの姿勢を翻し、全機疲労試験の義務化に踏み切るのは、この 20 年後に WFD（Widespread Fatigue Damage）防止を規定する 1998 年の改正時となる。（FAA は、その改正の提案時は、一転して全機疲労試験の必要性を述べるとともに、近年はメーカーが自主的に試験を実施しているので義務化に伴う追加コストはごく僅かになると強調しており[37]、1978 年改正時の義務付け見送りの真の理由はコストであったことを窺わせている。）

13 B707 水平尾翼疲労破壊事故（1977 年）

　民間輸送機の疲労強度基準を見直すための国際会議が開催されてからまだ 2 カ月しか経っていない 1977 年 5 月 14 日、アフリカのザンビアで Fail Safe 設計の信頼性を揺るがす事故が発生した。

　ザンビア航空から国際貨物便の運航の委託を受けた英国ダンエア社の B707 はロンドンのヒースロー空港から、アテネ、ナイロビを経由して、ザンビアのルサカ空港に向かって飛行中であった。事故機がルサカ空港に進入中に地上高約 800ft で突然、右側の水平尾翼と昇降舵が機体から分離し、機体は急激に機首下げ状態となり、滑走路の 2nm 手前に墜落し、搭乗者 6 人全員が死亡した[38]。

　事故機は、1963 年に製造された B707-321C 型機で、1976 年まで米国で旅客輸送に使用された後にダンエアが運航していたもので、総飛行時間は 47,621 時間、着陸回数は 16,723 回に達していた。

　飛行中に分離した水平尾翼は後桁の 3 本のコード（chord）が破断し、そのうちの最上部のトップ・コードは翼根取付部から約 36cm のところで破断していた。その破断面には疲労亀裂があり、起点はトップ・コードの前方フランジの 11 番ファスナー・ホールであった。そこから始まった亀裂は後方と下方に向かって進行を続け、トップ・コードの断面の過半部分に疲労亀裂が及んだ後、トップコードの残されていた部分が急激に破断した。亀裂発生からこの破断までの飛行回数は約 7,200 回と推定された。また、トップ・コードの破断から水平尾翼分離までは 100 飛行以内と推定された。

　水平尾翼スキンに対しては 1,800 飛行時間毎に外部から目視点検が

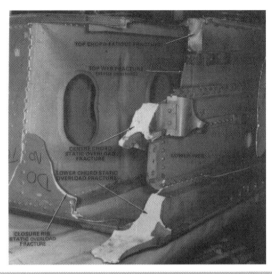

水平尾翼後桁の破壊（3本のコードが破断）[38]

行われていたが、トップ・コード破断前に進行していた亀裂を目視検査で発見することは困難であり、またトップ・コード破断後から水平尾翼分離までの間には検査機会がなく、最後まで亀裂が発見されることはなかった。

　軍用のKC135を母体に開発されたB707系列型機はB707-100シリーズから始まったが、その開発時に行われた疲労試験では、水平尾翼後桁の2本のコードのうちの上のコードが24万回の飛行に相当する繰り返し荷重で初めて亀裂を生じた。B707-300は、B707-100に比べ水平尾翼のスパンが延長されたが、飛行試験の結果、昇降舵の応答特性が悪いことが判明した。これは水平尾翼の捩り剛性の不足が原因だったので、捩り剛性を増加させるため、水平尾翼の内側の下面スキンのアルミ合金材を2重にするとともに、対応する上面スキンの材質をステンレス・スチールに変更した。

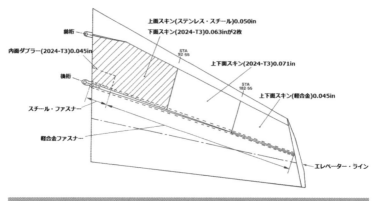

B707-300の水平尾翼[38]

　ステンレス・スチールの高い剛性は上面スキンの荷重を高め、翼根近くの後桁トップ・コードのファスナー荷重を高めることは設計変更時に認識されていたが、面圧応力を減らすためにファスナー径を大きくするとエッジ・マージンが不足するので、径を大きくすることはできなかった。
　しかし、B707-100の水平尾翼後桁は上下に2本のコードのみしかないのに対し、B707-300の水平尾翼後桁は中間にセンター・コードが追加され Fail Safe 性が付加されているので、水平尾翼上面の設計変更には問題はないとされた。これが、この事故に至る誤りの始まりだった。
　B707-300水平尾翼後桁に追加されたセンター・コードは、トップ・コードが破断した場合にその荷重を受け持つためのもので、トップ・コード破断までの通常運用時には疲労損傷を受けないように、曲げ応力が生じない後桁の中立軸に置かれていた。
　ところが、事故発生時の実際の荷重の流れは設計時の想定と異なったものとなり、センター・コードによる Fail Safe 性は機能しなかった。設計時の想定では、トップ・コードは破断すれば剛性を失うので、その荷重はセンター・コードに受け持たれ、トップ・コードの取付け部には荷重がかからないとされていた。しかし、事故後の試験・解析の結果、トップ・コード破断後、破断面内側のトップ・コードとウェブは相当の剛性を持つ片持ち梁として働くことが判明した。

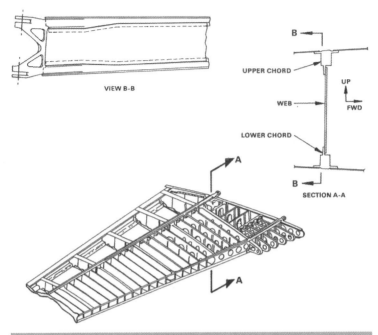

B707-100 水平尾翼後桁（コードは上下 2 本のみ）[38]

　このため、センター・コードの応力はスパン方向と垂直の方向に大きな成分を持つことになったが、押し出し材であるセンター・コードは垂直方向の応力には弱く、センター・コードも破断し、さらに水平尾翼全体が破断するに至った。

　このように、B707-300 は Fail Safe 機として型式証明を受けていたにもかかわらず、実際には、その水平尾翼後桁は Fail Safe 性がなかったのである（Fail Safe の定義については本章 12 節参照）。

　前述したように、原型機である B707-100 の水平尾翼は 24 万回に飛行に相当する疲労試験が実施されたが、B707-300 の水平尾翼については疲労試験が行われなかった。米国の設計基準では試験を必ず実施しなければならないとはされておらず、メーカーも設計変更後の水平尾翼には Fail Safe 性があると解析のみによって判断し、試験によって Fail Safe 性を確認することはしなかった。〔当時の英国耐空性基準

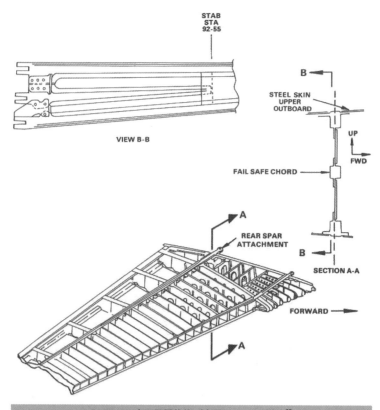

B707-300 水平尾翼後桁（中間にコード追加）[38]

（BCAR Section D）は、米国基準同様、明確に疲労試験を要求する規定はなかったが、疲労の観点から重要な部分については Safe Life 性又は Fail Safe 性を実証するための荷重試験を要求する項目があった。しかし、英国当局は、米国での証明を受け入れ、追加試験を要求しなかった。」

　また、事故報告書は、設計時に考慮されていなかった着陸時のスポイラー使用による振動荷重が亀裂進行速度を増大させたこと、1977年6月時点における B707-300 シリーズの全機である 521 機の 7％に当たる 38 機に水平尾翼後桁の亀裂が存在し、うち 4 機は桁の交換を要したことも明らかにした。

1. 構造に損傷がない場合：センターコードには荷重がかからない。

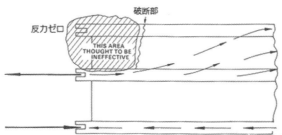

2. トップコードとウェブの破断後：設計時に想定された荷重伝達（斜線部は荷重を受け持たないと考えられていた。）

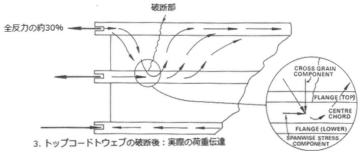

3. トップコードとウェブの破断後：実際の荷重伝達

水平尾翼後桁の荷重の流れ[38]
（上図：通常運用中、中図：設計時想定、下図：事故時）

14 経年航空機に対する検査プログラム

この事故は、それまでも論議されていた飛行時間の長い経年航空機の安全性の問題にさらに世界の注目を集めさせることになった。

1978年、英国航空局CAAは耐空性に関する通報Airworthiness Notice No.89を発出し、Fail Safe設計が適用された航空機についても、型式証明時に想定されていた運航目標飛行回数に近づきつつあるものに対しては運航寿命制限を課する方針を表明した[39]。

同通報は、その理由として、Fail Safe機の型式証明においては、1つの構造部材に発生した損傷が安全上支障を生ずる前に定例整備で容易に発見できることを前提としていたが、これまでの経験から、損傷を発見するためには特別の点検が必要な場合や、長時間使用された航空機については1つの部材の損傷のみを考慮するだけでは不十分な場合があると判明したことを挙げた。

同通報は、Fail Safe機に運航寿命制限を課すとする一方、航空機メーカーが同通報適用機の安全上重要な構造部分について、発生し得る損傷の進行速度、許容長、発見容易性、発生確率を評価し、その結果に基づく検査指示書を発行し、それによって構造の強度低下が安全上支障を及ぼす前に損傷が確実に発見できるならば、運航寿命制限を撤廃することも明らかにした。

同通報の考え方は、その後、ICAO及びFAAにも採用され、経年航空機に対する特別の検査プログラム（SSIP: Supplemental Structural Inspection Program）が、Fail Safe機として証明を受け、設計時の想定を超えて運用されることが予想される航空機に設定されることになった[40,41]。SSIPは、Damage Toleranceの規定に従ってFail Safe機の構造を見直して必要な検査、修復措置等を設定するもので、その開始時期は飛行回数が最も多い機体が設計時の運航目標飛行回数の50％に達する前とされた。SSIPは、当初は、最大離陸重量が75,000lb（34ton）を超えるB747等の大型機のみを対象としていたが、現在では、これより小型の航空機にも適用が拡大されている。なお、SSIPは大型機については AD 等により実施が義務化されている。

参考文献（番号は、1章からの一連番号）

34. FAA, Transport Category Airplane Fatigue Regulatory Review Program; Fatigue Proposals, (1977)
35. FAA, Fatigue Regulatory Review Program Amendments; Amendment No. 25-45, (1978)
36. FAA, Special Review: Transport Category Airplane Airworthiness Standards; Amendment No. 25-72, (1990)
37. FAA. Fatigue Evaluation of Structure; Notice No. 93-9, (1993)
38. Accidents Investigation Branch, Department of Trade (UK), Aircraft Accident Report No. 9/78, (1979)
39. Civil Aviation Authority (UK), Airworthiness Notice No. 89, (1978)
40. FAA, AC No. 91-56B: Continuing Structural Integrity Program for Airplanes, (2008)
41. ICAO, Doc 9760: Airworthiness Manual (Advance second edition), (2008)

航空機構造破壊
第5章

前章では、1970年代後半における損傷許容設計基準の成立から同基準に準拠した経年航空機に対する検査プログラムの設定までを解説したが、本章では、不適切な整備作業によって引き起こされた米国航空史上最大の事故とそれをきっかけとした設計基準見直しの論議について解説する。

15 アメリカン航空 DC-10 墜落事故（1979年）

1979年5月25日15時2分（現地時間）、アメリカン航空のDC-10-10は、シカゴ・オヘア空港の滑走路32Rから通常どおりに離陸滑走を開始したが、リフト・オフのため機体が引き起こされた時、突然、左エンジンがパイロンとともに機体から分離し、左主翼の上を通過して地上に落下した。左エンジンを失った機体は、リフト・オフの20秒後に高度約325ftまで上昇したところで左に傾き始め、主翼が垂直を超えるまで横転して失速し、リフト・オフから31秒後に滑走路端から北西に約4,600ftの地点に墜落した。

地上との激突により機体は爆発し、搭乗者271名と地上の2名が死亡し、この事故は米国航空史上最大の事故となった。（テロを除けば、未だに米国航空史上最大事故である。）

事故発生7ヵ月後に公表された事故調査報告書は、次のように、DC-10の整備と設計に関する多くの問題点を明らかにした[42]。

墜落直前の DC-10（M. Laughlin）
（左主翼損傷部から燃料等が霧状に流出）

不適切なエンジン・パイロンの取外し取付け作業

　左エンジンとパイロンの脱落は、パイロンを左主翼に取り付けていた後方バルクヘッドの上部フランジに約13インチの亀裂があり、機体を引き起した時の荷重により、強度が低下していたバルクヘッドが破断したためであった。その亀裂のうち約10インチの部分は、事故の8週間前にエンジンとパイロンを主翼から取り外す作業を行った時に大きな荷重がかかって発生したもので、残りの約3インチは、運航中の荷重によって進行した疲労亀裂であった。

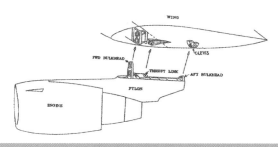

DC-10 エンジンの主翼への取り付け

第 5 章

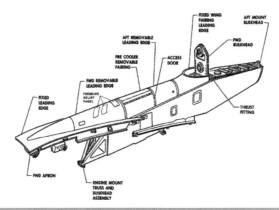

DC-10 エンジン・パイロン

　DC-10 の左右のエンジンはパイロンによって主翼に吊り下げられ、パイロンは主翼構造に前後のバルクヘッドと金具（スラスト・リンク・フィッテング）で取り付けられていた。パイロンの前後のバルクヘッドには計 3 点のスフェリカル（球状）・ベアリングが取り付けられていたが、これらに不具合があり、マクダネル・ダグラス社は、1975 年と 1978 年にこれらの交換を指示する SB を発行した。

　交換を実施するためには、エンジンとパイロンを機体から取り下ろす必要があった。SB は、パイロンの取り外しはメンテナンス・マニュアルに従うように指示し、同マニュアルは、まずエンジンを外し、そ

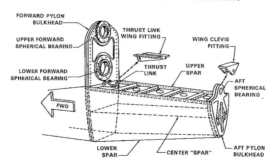

DC-10 パイロンの主翼との接合部[42]

の後にパイロンを取り外すことを規定していた。

　ところが、アメリカン航空は、作業効率化のため、フォークリフトを使いエンジンとパイロンを一体で取り外し取り付ける作業手順を検討することにした。この手順にすれば、分離しなければならない部品数が大幅に減り、作業時間が縮減できた。

　しかし、パイロンのみであれば、重量は 1,865lb と軽く、主翼に前方バルクヘッドを取り付ける位置と重心位置との乖離も 3ft と小さいが、パイロンとエンジンを組み合わせると、重量は 13,477lb と遥かに大きく、重心位置も取付け位置から 9ft と大きく離れることになる。このため、エンジンとパイロンを一体で取外し取付ける場合、位置のコントロールが難しくなる。

　アメリカン航空は、この手順についてマクダネル・ダグラス社に意見を求めたが、同社は、パイロンと主翼との接合部の部品間の間隙が小さいことを懸念し、その手順は推奨できないと回答した。しかし、同社には航空会社の整備手順を承認したり拒否したりする権限はなく、アメリカン航空は、結局、同社のアドバイスには従わず、エンジンとパイロンを一体で取り外し取り付けることを決定した。

　事故機のエンジンとパイロンの取外し取付け作業は、1979 年 3 月末に行われた。

　主翼からパイロンを取り外す作業は、まず、前方バルクヘッドの下の取付け部を外してから上の取付け部を外し、次に、スラスト・リンク、最後に、後方バルクヘッドを外すという順序で行う筈であった。しかし、手順書には、この順番で作業項目が記載されていたものの、記載順序どおりに作業を行わなければならないとは明記されていなかった。

　作業現場では、前方バルクヘッドを先に外すことが難しかったため、整備士は、作業項目の記載順を気にせずに、最初に後方バルクヘッドのスフェリカル・ベアリングのボルトから取り外すことにした。（後方バルクヘッド取付け部を外すと、エンジン重量で、前方取付け部まわりに、後方バルクヘッドが主翼側に押し上げられる力が働く。）

　ここで作業シフトの交替時間となり、次のシフトの整備士が作業現場に来てみると、後方バルクヘッドの上部が主翼のクレビス（U 字金

具)と接触していた。エンジンを支えるスタンドの位置がずれており、すぐには前方バルクヘッドを取り外すことができなかった。フォークリフトを動かしてエンジンとパイロンの位置を修正し、ようやく前方バルクヘッドが分離され、エンジンとパイロンが取り外せた。

　後方バルクヘッド上部フランジの亀裂はこの時のクレビスとの接触によってできたのではないかと考えられるが、この後の作業中にも、再度接触した可能性もあるとされている。

　このように、アメリカン航空のSB作業は、要求される作業精度への配慮の欠如、不明確な作業指示、作業訓練の不足、技術部門と作業現場の意思疎通の欠如など多くの問題点があるものであった。

　事故後の調査により、米国航空会社のDC-10の175台のエンジンについて、このSBの作業が行われ、そのうちの76台がエンジンとパイロンが一体でフォークリフトにより取外し取付けが行われ、その76台中9台のパイロンに損傷が発生していたことが判明した。

　その中でも、コンチネンタル航空では、アメリカン航空と同様の手順で作業を行い、パイロン取付け部に損傷が2件発生していた。それ

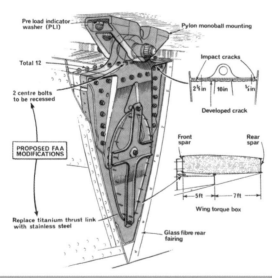

ADによる後方バルクヘッドの改修指示[43]
（中心の2本のボルトの頭部を平皿にするなど）

らの損傷発生は、同社の技術部門には報告されていたが、いずれも単純な作業ミスとされ、通報を受けたマクダネル・ダグラス社も原因の探求や再発防止策の検討は行わなかった。また、この件は FAA には報告されなかった。

なお、事故後、後方バルクヘッドが作業中に損傷を受ける可能性を低下させるため、AD が発行され、一部の取付けボルトの形状を変更するなどの改修が指示された。

油圧と警報装置電源の喪失

エンジン・パイロン交換作業とともに事故調査の焦点となったのは、1 つのエンジンが喪失しただけで、なぜ墜落に至ったのかということであった。旅客機は、離陸中に 1 つのエンジンの動力が全面的に失われても運航の安全には支障がないように設計されており、1 つのエンジンの脱落だけでは墜落する筈がなかった。

しかし、この事故では、左エンジンがパイロンとともに脱落して左エンジンの動力が失われただけではなく、パイロン前部と翼との接合部の前方の左主翼の前縁部 3ft が引きちぎられて周囲の油圧配管と電気配線が損傷し、それが墜落の原因となったのであった。

油圧配管の損傷箇所から油圧系統の作動油が失われて左外側（アウトボード）の前縁スラットが引き込まれ、左右の主翼にアンバランスが生じた。

また、電気配線の損傷により、第 1 ジェネレーター・バス（母線）の電力が失われた。DC-10 の飛行中の主要 AC 電源は、3 台のエンジン駆動発電機からそれぞれ電力を供給される 3 つのバスである。各バスは回路により連結され、いずれかの発電機が故障した場合には、それから電力を供給されていたバスには他のバスから電力が供給されることになっていた。

しかし、事故機では、バス故障時に自動的に作動する保護機能が作動して連結回路が遮断され、他のバスから第 1 バスへの電力供給もできなくなった。他のバスからの電力供給を復活させる手動操作手順はあったが、事故当時の状況では乗員に手動操作する余裕はなかった。この結果、重要警報装置への電力供給が失われることとなった。

62　第5章

事故機のシミュレーション

　事故機を模擬し、左エンジンが失われ、油圧系統と電源系統の一部が不作動となり、左主翼外側前縁スラットが風圧で引き込まれるシミュレーション実験が行われた。

　スラットが展開されている時の失速速度が 124kt であるのに対し、外側スラットが引き込まれた事故機の左翼の失速速度は 159kt であった。事故機は、V_2（離陸安全速度）＋ 6kt の 159kt でリフト・オフした後、高度 140ft で 172kt まで加速したが、高度約 325ft で 159kt まで減速されていた。この減速は、フライト・ディレクターの指示に従った機体姿勢をとったことによるものと考えられた。この減速により、事故機は、左翼から失速し、左に横転して墜落に至った。

　シミュレーションに参加したパイロットが DFDR（飛行記録装置）に記録されていた事故機のパイロットの操作どおりの操縦をした場合と、フライト・ディレクターのピッチ・コマンドに従って操縦した場合は、いずれも、ことごとく事故機のように墜落した。

　一方、機体が左に横転を開始した直後に、機首を下げ加速して失速を防止し、安全に飛行を継続させることに成功したパイロットもいたが、彼らには事故機の状態が事前に知らされていた。

　しかし、実際の事故機では、左右のスラットが非対称になっていることの警報灯や失速警報装置などは電源が失われて不作動になっており、また、操縦室からは左エンジンが見えず、機体がどのような状態に陥っているかは事故機のパイロットには把握できなかった。

　事故報告書は、このような条件の下では、事故機のパイロットが通常のエンジン故障時の操作手順どおりに操縦し、結果的に事故機を失速に陥らせたことは責めることはできないと結論付けている。

設計上の問題点

　事故調査では、DC-10 設計上の問題点も指摘された。航空機の設計基準については、型式証明申請時の基準が適用され、DC-10 には 1978 年に制定された損傷許容設計基準（4 章 12 項参照）は適用されていない。同基準では、疲労に加えて偶発的損傷も考慮すべきとされていることから、仮に同基準が適用されていれば、事故原因となった整備

作業中の損傷も考慮された筈で、この事故は回避されたのではないかとも考えられた。

これに対して、マクダネル・ダグラス社は、同基準上の偶発的損傷とは、貨物の搬入、搬出中の貨物室ドアへの接触のような定例作業中の損傷や工具落下のような定例整備中の損傷に限定されるべきで、事故原因となった作業の損傷は、定例整備中に発生したのではないので、対象外であると主張した。

偶発的損傷にどこまで含ませるかは解釈の問題であるが、事故原因となった作業もその範疇とした場合、設計の変更が必要となるのか、それとも検査の強化で対応できるのかが問題となる。

FAA は、同社にパイロンを新しい損傷許容設計基準に基づいて再評価することを求めた。同社は、後方バルクヘッドのフランジの亀裂は 3 インチになる前に目視検査で発見できるとする前提で、再評価を実施した。その結果は、DC-10 パイロンの設計は新基準にも適合するとするものであった。

NTSB は、パイロンの設計が強度基準には適合していることは認めたものの、パイロン部品間の間隙が小さく整備作業中に損傷を受け易いなどの問題点があることを指摘した。

事故発生 7 か月後の 1979 年 12 月 21 日に公表された NTSB の事故報告書は、DC-10 が型式証明基準に適合していることは認めたが、パイロンとスラットの設計上の問題点、整備・検査方法や不具合情報の報告・周知に関する問題点などを指摘し、これらに関する多くの勧告を行った。

また、パイロンの設計ばかりでなく、航空機構造設計全般の安全性保証のあり方も問題となった。

この事故では、エンジン・パイロンの脱落により左主翼の前縁部分が損傷し、左外側前縁スラットへの油圧が失われ、重要警報装置への電力供給も断たれたため、パイロットが失速を防げず、墜落に至っている。構造破壊により重要システムの機能が喪失して重大な事態を招いた点は、本事故や 1974 年のトルコ航空 DC-10 の事故ばかりではなく、この後に発生する 1985 年の JAL747 の事故、1989 年のユナイテッ

64　第5章

ド航空 DC-10 の事故にも共通している。

　この問題に関しては、次節で述べるように FAA の耐空証明制度に
関する委員会で検討が行われ、また、事故報告書の勧告でも、「重要
システムが通る区域の主要構造が損傷した場合に起こり得る故障の組
合せについて、型式証明において考慮すること」が求められた。

型式証明の一時停止

　事故後、他の DC-10 のパイロンに損傷が発見されたことなどから、
FAA 長官は、事故から 12 日後の 1979 年 6 月 6 日に同機の型式証明を
停止し、6 月 26 日には米国領空内での全ての DC-10 の運航も禁止し
たが、7 月 31 日に型式証明時の基準に適合していることが確認され
たとして型式証明の停止を解除した。

16　FAA の耐空証明制度に関する報告書（1980 年）

　アメリカン航空 DC-10 の事故後、米国運輸長官は、米国科学アカ
デミーに対して FAA の耐空証明制度について評価を行うように要請
し、レンセラー科学技術大学学長の George M. Low（元 NASA 副長官）
を委員長とする委員会（Committee on FAA Airworthiness Certification
Procedures：通称、「Low 委員会」）が発足した。Low 委員会は、1980
年 6 月に「Improving Aircraft Safety」と題する報告書を運輸長官に提出
した。

　同報告書は、型式証明、製造、整備、不具合情報などに関する 17
項目の勧告を列記し、設計基準についても次の趣旨の指摘と勧告を
行った[44]。

　「複雑な技術的システムの本質として、設計によってあらゆるリス
クを予想して防止することは不可能である。ほとんどの安全基準は、
過去の誤りと事故の経験から導き出されてきたものである。」

　「したがって、現在の基準によって製造された航空機は、本質的に、
過去に発生した種類の問題には対処するように設計されている。しか
し、死亡事故の多くは、設計の想定外の稀な出来事の組合せが関与し
ている。」

「安全上重要な構造は、Safe Life 又は Fail Safe のどちらかで設計されている。また、操縦系統のような安全上重要なシステムは故障発生確率が極微（10億飛行に1回未満）であることが求められている。ただし、重要システムの故障解析では、システムの周囲にある Safe Life 又は Fail Safe で設計された構造の破壊を考慮することは求められていない。」

ここで同報告書が指摘しているのは、主要構造は Safe Life 又は Fail Safe 設計で安全が担保されているとされ、油圧システムや電気システムなどの故障解析では、システムの構成品のみの故障が解析されており、システム構成品が取り付けられている構造の破壊は考慮されていないということである。

設計が全ての事態を想定しているのならば、これで問題はないのであるが、同報告書は、あらゆるリスクを予想することは不可能であり、現実の大事故は想定外の稀な事象の組合せによって起こっていることを指摘し、この解析方法に疑問を投げかけているのである。同報告書は、想定外の事態が起こった実例としてアメリカン航空 DC-10 の事故を挙げた。

「シカゴのアメリカン航空 DC-10 の事故では、起こりそうになかった Fail Safe 構造の破壊によって、発生確率が10億分の1未満であった筈の重要操縦システムの故障が発生。」

前項で引用した NTSB の勧告は、このような事態について検討することを求めたものであるが、同報告書は、さらに踏み込んで、次のような具体的な設計基準改正の勧告を行った。

「主翼の分離破壊のように破壊そのもので飛行が不可能となる場合を除き、構造破壊の後にも飛行の継続を可能とする設計基準を定めるよう、当委員会は FAA に勧告する。」

同報告書は、続けて次のように述べている。
「勧告した基準改正案の考え方は一般にはまだ適用されていないが、その適用の先例が2つある。1つは、ワイドボディ機の急減圧発生時の圧力解放措置[注]の例であり、もう1つは、Safe Life 設計されている

にもかかわらず飛散した場合の措置が講じられているエンジン部品の例である。」

注：3章11節で紹介した1974年のトルコ航空DC-10事故の再発防止策として行われたFAR改正を参照のこと。

　なお、設計基準改正は、改正後に型式証明が申請される新開発機にのみ適用されることから、同報告書は、既に型式証明されて運航中の航空機についても基準改正案に適合することを求めた。

　「既に型式証明されている航空機についても、本勧告によって制定される基準に適合するか否かを評価し、適合しない場合にはADの発行を検討すべきである。」

　しかし、次に説明するように、これらの勧告が実現されることはなかった。

17　構造設計基準改正案の撤回（1983〜85年）

　FAAは、1983年にLow委員会の勧告に応え、次の設計基準改正原案（Advance Notice of Proposed Rulemaking）を公表し、これに対する一般からの意見を求めた[45]。

　「航空機設計においては、破壊することが起こり得ないと証明された構造については、それがシステムに及ぼす影響を考慮する必要がないとされている。」

　「しかしながら、Low委員会の報告書は、設計の想定外の事態が発生し、破壊し得ないとされた構造が破壊することがあり得ることを指摘している。」

　公表文は、このようにLow委員会の報告書を引用した後、FAAとしても同委員会の評価に基本的に同意することを述べ、次の設計基準改正原案を提案した。

　FAR25.571（b）に次の趣旨の規定を追加する。

　「非現実的と証明された場合を除き、残留強度評価には、少なくとも、発生確率が如何に微小と考えられても、全ての主要構造部材（principal structural element）について破壊（効果的な亀裂進行止めがある大きな

外板については、明白な部分破壊）を想定すること。

　これに加え、FAR25.573 として、次の趣旨の規定を追加する。

　「発生確率が如何に微小と考えられても、全ての主要構造部材について破壊（大きな外板については、直ちに明白となる部分破壊）を想定し、さらにその破壊によって引き起こされる可能性の高い他の構造、装備、システム及び設備の二次的損傷が発生した場合であっても、航空機は安全に飛行が完了できるように設計されなければならない。」

　この改正原案は、Low 委員会の勧告を正面から受け止め、アメリカン航空 DC-10 事故のように、構造設計基準によって安全が担保された筈の構造が破壊し、その破壊自体では航空機は墜落に至らないが、構造破壊による重要システムの二次的破壊によって航空機の機能が喪失されて破滅的な事態に陥ることを防止しようとするものであった。

　しかし、この改正原案に対しては、航空機メーカー、航空会社等から多くの反対意見が寄せられ、FAA は、1985 年 6 月に改正原案を撤回する決定を行った。それらの反対意見の主な理由は、この改正原案に従って設計される航空機は重く高価なものになるが、安全への寄与はそれに見合ったものとはならないとするものであった[46]。

　改正原案は、全ての主要構造部材を対象とし、破壊の原因も限定していなかったことから（トルコ航空機事故再発防止策では、一定事象による急減圧と原因を特定）、適用範囲が膨大となり、実際の適用に当たってどのように解釈して運用するかも容易なことではなく、また、その適用の仕方によっては広範な構造の多重化などにより機体重量が大幅に増大するおそれがあったものと考えられる。

　反対意見を述べたメーカーや航空会社は、このようなことを踏まえて、改正原案が防止しようとしている事故が起こる可能性は極めて低いので安全上のメリットは大きくないのに対し、構造が相当に重くなって機体価格や運航費が増大して経済的負担が不当に大きくなると考えたのではないだろうか。

　しかし、反対意見が主張するようにこのような事故の発生が稀なことは事実であるが、Low 委員会の次の指摘も事実であり、このような事故がこの後にも発生することになる。

「想定の範囲では破壊しないように設計された構造は、時々、想定の範囲外で破壊する。そのような例には、整備による損傷、製造時品質管理の欠陥等が含まれる。多数の航空機の長期間にわたる数百万回の運航中にこのような破壊が発生しないとは誰も保証できない[44]。」

参考文献（番号は、1章からの一連番号）
42. NTSB, Aircraft Accident Report: NTSB-AAR-79-17,（1979）
43. Flight International, 2 Feb. 1980, p293
44. Committee on FAA Airworthiness Certification Procedures, National Research Council, Improving Aircraft Safety - FAA Certification of Commercial Passenger Aircraft,（1980）
45. FAA, Advance Notice of Proposed Rulemaking No. 83-8 "Flight after Structure Failure",（1983）
46. FAA, Withdrawal of Advance Notice of Proposed Rulemaking "Flight after Structure Failure",（1985）

航空機構造破壊
第6章

　前章までに、1950 〜 1970 年代の重大な航空機構造破壊事故とそれらの再発防止のための設計基準の改正の経緯などを紹介してきた。これから 1980 年代以降に入るが、本章では、1980 年代の最初の重大な与圧構造破壊事故である遠東航空 B737 空中分解事故について解説する。

18 遠東航空 B737 空中分解事故（1981 年）[47、48]

　1981 年 8 月 22 日、台湾遠東航空の B737-200 型機 B-2603 は、181 便として台北松山空港から馬公に向け出発したが、与圧システムに不具合が発生したため松山空港に引き返し、修理を行った後に、改めて 103 便として乗員乗客 110 名を乗せて 9 時 54 分（現地時間）に高雄に向け離陸した。

　同機は、離陸後上昇を続け、10 時 6 分に高度 22,000ft に到達しつつあることを管制に連絡してきたが、10 時 7 分、レーダー上で同機を示す記号データの表示が不明瞭になり、10 時 8 分、レーダー上の同機の機影が 2 つに分かれ、10 時 9 分には同機がレーダー上から消滅した。

　11 時になると、同機の墜落が地上から目撃されたことが航空局に報告された。目撃者は、同機が北から南に飛行している最中に大きな音とともに空中で分解し、分断された機体と人間が上空から落下してきたと語った。やがて、完全に破壊された事故機が山間部で発見され、搭乗者全員の死亡が確認された。

　事故機には作家の向田邦子さんを含む日本人乗客が 18 名搭乗しており、この事故発生は当時の日本で大きく報道された。

70　第6章

　事故機の残骸は約 15km にわたって山間部に散乱していたが、前方胴体の BS[注]360 〜 520 の大部分が回収され、前方貨物室の胴体下部に広範な腐食が認められた。

注：BS は Body Station の略で、機体前後方向の位置の表示。機首部 Section41 は BS130 〜 360、前方胴体部 Section43 は BS360 〜 540。

　事故機は、1969 年 5 月に製造され、1976 年に遠東航空が米国ユナ

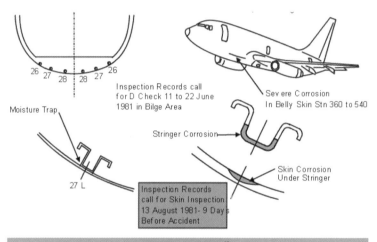

事故機の腐食箇所[48]

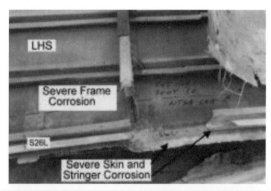

事故機左胴体下部の激しい腐食[48]
（フレームとストリンガーの一部が失われている）

イテッド航空から購入したもので、総飛行時間 22,020 時間、総飛行回数 33,313 回の経年機であったが、事故機には、一般の経年機には見られない極めて激しい腐食があった。

　腐食した構造の中でも、特にストリンガー（縦通材）26L、27L、26R、27R（L、R は胴体の左右を示す）に沿った部分が激しく腐食し、一部のストリンガーやフレーム（円框）が欠損していた。

　事故機の腐食の激しい部分が米国に送られて詳細な分析が行われた結果、次のような事実が判明した。

・前方貨物室の胴体外板は、広範に腐食し、ファスナーとファスナーの間が腐食堆積物で盛り上がっていた。

・腐食箇所を補修するための当板があったが、補修されず穴が開いている箇所があり、補修されていない外板の多くは損傷が補修限界値である板厚 10%（0.004in）を超えていた。

・相当の期間、防食剤が適切に塗布されていなかった。

・腐食損傷が最も激しかったのは、ストリンガー 27L の BS432 〜 472 の部分で、事故前の相当の期間、補修限界値を超える状態であった。

　腐食箇所を詳細に分析したボーイング社は、事故機胴体の破壊の進行を次のように推定した。

・破壊は、下部胴体 BS432 〜 472 の最も激しい腐食領域から急速に後方に向かい、BS477 〜 494 のもうひとつの激しい腐食領域に進行し、その後、これらの領域から急速に前方及び後方に向かい、他の腐食領域へと進行したものと推定される。

　この分析に基づき、台湾航空局の事故報告書は、事故機の胴体下部には広範な腐食の他におそらくは与圧の繰り返しによる亀裂も存在し、与圧による内外差圧によってこれらの損傷箇所から急速に破壊が進行し、事故機が空中分解したものと推定した。

　事故後、ボーイング社は、胴体下面パネル接着部の腐食検査を指示するために発行されていた SB（Service Bulletin）を改訂し、1981 年 12 月に緊急性のある Alert SB として再発行し、FAA は、これを受けて1982 年 1 月発効の AD を発出した。

72　第6章

　事故報告書は、その最後で、遠東航空には整備点検の改善を、台湾航空局には航空会社の整備プログラムの監督体制の見直しを、FAAにはB737胴体の接着加工部の交換期限設定を、それぞれ勧告した。

事故機の整備・点検

　事故機の腐食損傷は、回収された残骸の状態から、事故発生時より相当前から胴体構造の広範な部分で進行していたものと考えられる。では、なぜそのような広範な腐食損傷が事故前の整備・点検で発見されなかったのであろうか。

　遠東航空は、B737の定例整備として、75時間毎にA整備、300時間毎にB整備、1,200時間毎にC整備、9,600時間毎にD整備を実施していた。事故機は、事故の9日前にA整備、19日前にB整備が行われ、約2か月前の6月に実施されたC整備とD整備については台湾航空局の検査も行われていた。

　また、ボーイング社は、胴体下面パネル接着部の腐食検査を指示するSBを1974年に発行し（1977,78年に改訂）、当該部分を約2年毎に検査して防食剤を塗布することを勧告していた。遠東航空は、この検査を1978年6月、1978年12月、1979年6月、1980年12月、1981年6月に実施していた。

　事故報告書は、整備記録上では、これらの定例整備やSBなどによる特別点検は規定どおり行われていたと述べている。しかし、事故機の腐食の状況を考えると、事故発生時に近い時点で行われた整備・点検時期には腐食が相当進行していた可能性が高く、腐食を発見できなかったこれらの整備・点検が実際にどのように行われたものかは明らかではない。

米国調査団による他の機体の調査[48]

　事故調査に参加した米国調査団は、事故調査のための台湾滞在中に、遠東航空の別のB737を調べてみることにした。その機体の胴体外面は一見して問題なく見えたが、床面を取り外してみると、26Lに沿って隣接した5本の胴体フレームが激しく腐食していた。また、その付近の胴体外板は、腐食により板厚が非常に薄くなり、穴が開いている

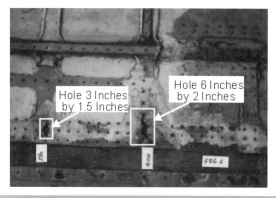

胴体外板の腐食（米国調査団が調べた機体）[48]

箇所もあった。

　このB737は、飛行回数33,274回の経年機であったが、検査記録によれば、9か月前に胴体部分の検査が行われ腐食防止剤が塗布されていたことになっていた。しかし、9か月でここまで腐食が進行するとは考えにくく、また、9か月前に検査のため取り外されていた筈の床面取付けスクリューも激しく腐食し、床面の取外しに2日を要した。(9か月前に取り外した時に腐食していたら、その時に交換されていた筈である。)

　米国調査団は、この機体の調査からも、遠東航空の整備が整備記録どおりに適正に実施されたかは疑問であると考えていたようである。

B737 胴体構造の Fail Safe 性

　遠東航空の整備・点検に問題があったとしても、外部からは一見して分からない損傷が内部で進行し、与圧胴体が一気に大破壊を起こしたことについては何も問題はなかったのであろうか。コメット機の事故（1章4節参照）以後、旅客機の与圧胴体は、相当大きな損傷があったとしても急激な破壊を起こさないようなFail Safe 設計が行われていた筈ではなかったのだろうか。

　コメット機の事故の教訓から、航空機メーカーは、1950年代からジェット旅客機の開発に当たって、与圧胴体に大きな亀裂が生じても

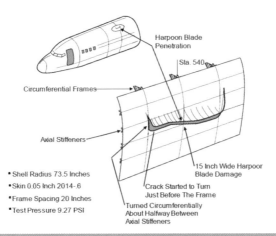

DC-8 の Harpoon（刃幅 15in）打込み試験[48]

大破壊に至らないことを証明するテストを始めた。そのテストは、与圧胴体構造をギロチン（Guillotine）、ハープーン（Harpoon）等と言われる大きな金属の刃で貫き、亀裂が一定範囲に止まることを確認するものであった。

　ボーイング社は、B707 からのこのテストを開始し、B737 のテストでは 12 インチの幅のギロチン 2 枚が使われた。その結果、B737 の与圧胴体構造は、通常の差圧に対しては、外板に長さ 40 インチを超える亀裂があっても耐えられる Fail Safe 性を有することが証明された[49]。

　しかし、これらの Fail Safe 性は、腐食や疲労などによる広範な損傷が存在する場合には、必ずしも有効ではなく、事故機の下部胴体構造には、破壊の始まりとなった激しい腐食箇所の他に、その周囲構造に腐食があり、設計時に想定された Fail Safe 性を無効とする広範な損傷があったと考えられる。

　事故報告書に添付されたボーイング社のレポートは、B727 の不具合報告を基に、B737 の胴体外板に腐食があっても代替荷重伝達構造（alternate load path structure）に腐食が殆どない場合には、32 インチを超える亀裂に耐え得るので、事故機にはこれを上回る損傷が存在していた可能性があるとしている。

　この事故の調査では、広範な損傷が与圧胴体の Fail Safe 性に及ぼす

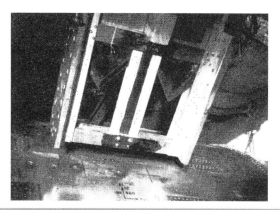

B737胴体に2枚ギロチンを打込むところ[49]

胴体内側から撮影した打込まれたギロチン[49]

影響についてはこれ以上論じられることはなかったが、この事故の後に発生するJAL123便事故とアロハ航空機事故の調査でこの問題が大きく取り上げられることになる。

与圧胴体のFail Safe性のメカニズム：Flapping

　上述のように、与圧胴体は、広範な損傷がないなど周囲の構造が健全であれば、一定の大きさの亀裂があっても大破壊しないことがテストで実証されているが、そのFail Safe性のメカニズムについて以下に説明する。

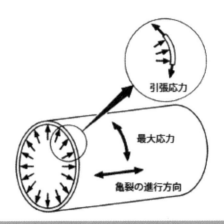

内圧を受ける円筒殻

　民間航空機の構造の分野における Fail Safe 性とは、4 章 12 節で説明したように、構造の一部に損傷が発生してもそれが発見、修復されるまでの間は残りの構造部分が荷重を受け持ち安全は保たれるとするものであり、B737 の当初の型式証明基準（1978 年改正前の FAR25.571）においては、構造が Fail Safe であるためには、発生する損傷が容易に発見されて短期間で修復されるものであることが求められていた[50]。

　与圧胴体については、Flapping と言われる現象によって、外板に亀裂が生じても、一定以上に拡大することなく、外板がめくれ上がり、亀裂は小範囲に止まるとされた。めくれ上がった外板はそれ自体で発見が容易であるが、亀裂の進展が小範囲で止まれば、外板のめくれによる与圧胴体の開口面積も小さく、客室に穏やかな減圧（Controlled Decompression）が生じる。この穏やかな減圧は、安全なものであり、かつ損傷の存在を明白にするものであるとされた。このように、与圧胴体構造は、Flapping によって Fail Safe 性の要件を満たすとされた。

　この Flapping の起こる理由は、亀裂の進展による与圧胴体外板の応力分布の変化である。航空機の与圧胴体は、円筒殻構造となっており、内圧と釣り合うために、外殻に円周方向の引張り応力を生じる。

　外殻に亀裂を生じると、亀裂は、当初、最大応力方向である円周方向と直角の円筒軸方向に進行するが、亀裂により外殻が膨れて応力分

布が変化し、亀裂が一定の長さに達すると進行方向が屈曲し、円筒の外殻はめくれ上がる。下の写真は、直径 24 インチの円筒殻に切り込みを入れ、繰り返し荷重により亀裂を 4 インチまで成長させ、その後、加圧したところ、上記のメカニズムによって、亀裂が屈曲したことを示すものである[12]。

ただし、単なる円筒では、亀裂の進行の屈曲は、亀裂が相当大きくなるまで起こらないが、円筒殻にフレーム、ティア・ストラップなどの円周方向の補強材があれば、円周方向の応力はそこで低下するので、屈曲は亀裂が小さいうちに起こる。これは、次頁の図に示すように、補強材のところで、内圧による円周方向の応力 σ_{hoop} が低下するので、膨れによる円筒軸方向応力 σ_{bulge} が卓越し、亀裂が屈曲するとされている[12]。

このようなメカニズムによって、与圧胴体外板に亀裂が生じても、胴体外板の小範囲がめくれ上がり（Flapping）、穏やかな減圧（Controlled Decompression）が生じると考えられていた。このため、与圧胴体外

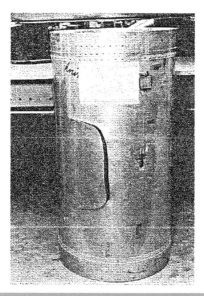

Flapping により亀裂進行方向が屈曲した円筒殻[12]

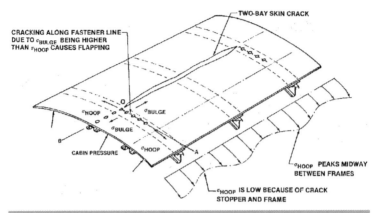

補強材のある円筒殻の Flapping[12]

板に亀裂が発生しても、危険が生じることなく、容易に発見されて修復されるので、与圧胴体外板には特別な検査は必要がないと考えられてきた。

しかし、このような Flapping が成立するのは、後年、アロハ航空機事故調査報告書で NTSB が指摘するように、広範な損傷が存在せず接着剥離もないなど、亀裂発生以外は胴体構造が健全であることが前提となっている。なお、多数の小さな疲労損傷が存在していた JAL123 便機の後部圧力隔壁も Flapping が成立しない状態にあったものと考えられている[51]。

特別検査の対象とならなかった B737 胴体外板

遠東航空機事故発生から 2 年後の 1983 年、B737 に対して SSID（Supplemental Structural Inspection Document）が発行された。4 章 14 節で説明したように、飛行回数・時間が大きい経年航空機に対しては、構造の健全性を確保するために、SSIP（Supplemental Structural Inspection Program）と言われる特別の点検プログラムが設定されることになったが、SSID は、そのプログラムに従って発行される検査指示書である。

B737 の SSID は遠東航空事故後に発行されたが、その中では、与圧胴体外板は、依然として、前述の Flapping の考え方に基づいて特別の

検査は不要とされる構造に分類され、SSID の検査対象から外されていた。

STRUCTURAL CATEGORY			EXAMPLES
SECONDARY STRUCTURE	DAMAGE TOLERANCE DESIGN	① SECONDARY STRUCTURE	LOSS OF FUNCTION OR SAFE SEPARATION (WING SPOILER SEGMENT)
PRIMARY STRUCTURE	DAMAGE TOLERANCE DESIGN	② DAMAGE OBVIOUS OR MALFUNCTION EVIDENT	FUEL LEAKAGE (WING TYPICAL SKIN/STRINGER SURFACE) CONTROLLED DECOMPRESSION (FUSELAGE MINIMUM GAGE SKIN FLAPS)
PRIMARY STRUCTURE	DAMAGE TOLERANCE DESIGN	③ DAMAGE DETECTION BY PLANNED INSPECTION PROGRAM	FUSELAGE, EMPENNAGE, WING (ALL PRIMARY STRUCTURE NOT INCLUDED CATEGORY ② OR ④)
PRIMARY STRUCTURE	SAFE-LIFE DESIGN	④ SAFE-LIFE	CONSERVATIVE FATIGUE LIFE (LANDING GEAR STRUCTURE)

1983 年当時のボーイング社の構造分類[52]
(Fuselage Skin は Flap して Damage Obvious になる)

　この構造分類は、JAL 123 便事故（1985 年）及びアロハ航空 B737 事故（1988 年）についての NTSB の調査において問題にされ、是正が勧告されることになる。

参考文献（番号は、1 章からの一連番号）

2. 運輸省航空事故調査委員会, 航空事故調査報告書－日本航空株式会社所属ボーイング式 747SR-100 型 JA8119　群馬県多野郡上野村山中　昭和 62 年 8 月 12 日、(1987)

12. Swift, T., Damage Tolerance in Pressurized Fuselages, 14th Symposium of the International Committee on Aeronautical Fatigue, (1987)

47. Civil Aeronautics Administration, Taiwan, Aircraft Accident Investigation Report - Far Eastern Air Transport, LTD. Boeing 737-200, B-2603, August 22, 1981, (1982)

48. Tiffany, C. F., Gallagher, J. P., and Bash, C. A., Threats to Aircraft Structural Safety, including a Compendium of Selected Structural Accidents/Incidents, (2010)

80 第6章

49. Maclin, J. R., Performance of Fuselage Structure, NASA CP-3160, pp.67-73, (1992)
50. FAA, Docket No. 24344; Amendment No. 25-72 (Final Rule), (1990)
51. FAA, FAA Report on Multiple Site Cracking, (1986)
52. Goranson, U. G. and Rogers, J. T., Elements of Damage Tolerance Verification, (1983)

航空機構造破壊
第7章

　前章では、1980 年代の最初の重大な与圧構造破壊事故である遠東航空 B737 空中分解事故を解説したが、本章では、与圧構造破壊が航空史上最大の単独事故に至った 1985 年の JAL123 便事故を取り上げる。

19 JAL123 便事故（1985 年）

　1985 年 8 月 12 日、JAL123 便 B747SR-100 型 JA8119 は、18 時 12 分に羽田空港を離陸して上昇中、18 時 25 分頃、異常事態が発生して操縦不能に陥り、約 30 分間飛行した後、群馬県上野村の山中に墜落し、搭乗者 524 名中 520 名が死亡するという史上最大の単独航空機事故が発生した。

　航空事故調査委員会は約 2 年間の調査の後、1987 年 6 月に事故調査報告書[2]を公表した。

　以下の記述のうち、事故の概要については、基本的に事故調査委員会の報告書に従っている。（理解のため、一部に補足説明等を追加。）

1978 年後部胴体接地事故[53]

　墜落事故の約 7 年前、JA8119 は大阪伊丹空港で後部胴体を接地する事故を起こした。

　1978 年 6 月 2 日、JA8119 は JAL115 便として羽田空港を出発し、大阪空港に向かった。同機は 15 時 1 分に大阪空港の滑走路 32L に接地し、その時の速度は 126kt とほぼ正常であったが、姿勢角は約 9°と通常より約 3°大きく、また操縦輪も引かれたままであったため、同機は再浮揚した。

接地前にスピードブレーキ・レバーがアーム位置とされていたことにより、接地により、グランド・スポイラーが自動的に作動し、スピードブレーキ・レバーがアップ位置になったが、再浮揚後、グランド・スポイラーが自動的に引き込まれ、スピードブレーキ・レバーもダウン位置となった。

　この後、スピードブレーキ・レバーがアーム位置へと操作されたが、誤って、アーム位置を越えてさらに後方に操作されたため、再浮揚中にスピードブレーキが作動し、同機は急速に揚力を失って、姿勢角約13°の機首上げ状態で落下着地したものと推定された。

　この事故により、乗客2名が重傷、乗客23名が軽傷を負い、同機の後部胴体、脚等が損傷を受けた。

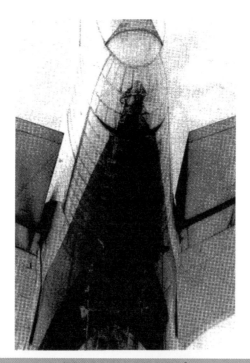

損傷したJA8119の後部胴体[2]

1978 年事故の修理作業

　JA8119 は大阪空港で仮修理を行い、羽田空港に空輸された。同機の修理は、羽田空港の JAL 格納庫内で 1978 年 6 月 17 日から 7 月 11 日の間、ボーイング社が実施し、そのうちの後部圧力隔壁の修理作業は 6 月 24 日から 7 月 1 日に行われた。

　B747 の当時の後部圧力隔壁は、18 枚の扇形のウェブ（web：薄板材）を並べ、同心円状に 4 枚のティア・ストラップ（tear strap：亀裂止め帯板）、放射状にスティフナ（stiffener：補強材）を配した、端部の直径 456cm、曲率半径 256cm、曲面の張り高さ 139cm の半球状構造であった。

　後部圧力隔壁の下半分は、事故によって損傷を受けていたため新しいものと交換し、既存の上半分と結合することになった。新しい下半分を胴体に取り付けた後、リベットを打つ前に、上半分の既存のリベット孔の位置に合わせて、下半分にリベット孔が開けられたが、作業後の検査によって、下半分の左側（機体後方から前方を見て）の結合部

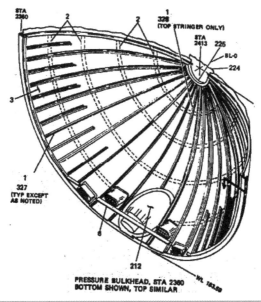

後部圧力隔壁（1：stiffener, 2：tear strap, 3：web）[54]

84 第7章

に、リベット孔のエッジ・マージン[注]が構造修理マニュアルの規定値より小さい箇所があることが発見された。

注：板材をリベットで結合する場合、リベット孔が板の端部に近過ぎると、疲労等により板材に亀裂が生じるおそれがあるので、リベット孔と板材の端部との間には一定の間隔を置く必要がある。この間隔をエッジ・マージン（edge margin）又はエッジ・ディスタンス（edge distance）といい、航空機の整備作業の基本を記述した FAA のハンドブックではリベット径の2倍以上の長さを推奨しているが[55]、航空機メーカーもそれぞれの構造修理マニュアル等に、リベットの径、材質や結合する板材の厚さ、材質などに応じて規定値を定めている。

　エッジ・マージンが不足していない箇所では、上半分と下半分が2列リベットで直接結合されていたが、ボーイング社の修理チーム技術員は、エッジ・マージンが不足している箇所は、その箇所のウェブを切り取り、その代わりに、中間にスプライス・プレート（splice plate：継板）を挟み、それを介して、上下が2列リベット結合となるように指示した。（上半分とスプライス・プレートを2列リベット結合し、スプライス・プレートと下半分を2列リベット結合する。真中のリベット列は上下、スプライスとも結合するので、リベットは3列になる。上の2列を打つ孔は既存のリベット孔で、一番下のリベット孔は新設。）

　しかし、実際の作業は、指示とは異なり、1枚の連続したスプライス・プレートではなく、中間で2枚に分断された板材（報告書は、下の長い方の板材をスプライト・プレート、上の短い板材をフィラ（filler：穴埋め材）と呼称）が、上半分と下半分の間に挿入されてしまった。この結果、次頁の図に示すように、上側のウェブとスプライス・プレートは1列リベット結合となった。（実際の作業を示した（c）図にあるように、矢印のところで中間に挟まれた板材が分断されているので、一番上のリベット列は荷重伝達に全く寄与せず、上側のウェブとスプライス・プレートは真中のリベット1列のみで結合されることになった。）

　このような隔壁左側の1列リベット結合は、隔壁を円周状に補強し

ている4本のティア・ストラップのうち、外から数えて1番目のストラップと3番目のストラップとの間の全範囲にわたり、この範囲の結合部の強度は大幅に低下（事故報告書は、本来の2列リベット結合の70％程度に低下と評価）することとなった。

なお、結合部の縁が密封剤（フィレット・シール）で覆われたため、作業完了後、指示と異なる作業が行われたことが発見されなかった。

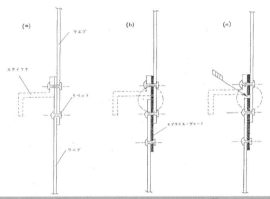

隔壁の上下の結合方法のイメージ図[56]
(a)：エッジ・マージン不足のない箇所の通常結合
(b)：エッジ・マージン不足箇所の作業指示
(c)：エッジ・マージン不足箇所の実際の作業

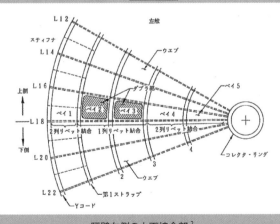

隔壁左側の上下接合部[2]
（スティフナとストラップに囲まれた区画をベイ（bay）と呼ぶが、図中のベイ2とベイ3にへこみがあったため、ダブラ（doubler：補強材）が当てられた。）

1 列リベット結合部の疲労亀裂進行

　隔壁には差圧により引張応力が生じるが、上側ウェブの 1 列リベット結合部には設計時の想定をはるかに上回る応力が各飛行の与圧サイクルごとに加えられ、多くのリベット孔の縁から疲労亀裂が進行することになった。修理作業から事故発生までの約 7 年間の飛行回数は12,319 回であり、ほぼこの回数の与圧負荷が繰り返されたものと考えられる。

　事故後に回収された隔壁を調べたところ、ベイ 2 （リベット孔番号：31 〜 56）の上側ウェブの疲労亀裂の進行が特に著しく、隣接するリベット孔の間が疲労亀裂でほとんどつながっている箇所もあり、ベイ 2 の上側ウェブの全長（リベット孔を除く）の 56％までに疲労亀裂が及んでいた。

　なお、修理作業から事故発生までに、隔壁後面全体の目視検査を行う複数の整備機会があったが、事故報告書は、それらの整備機会時にリベット孔縁に生じていた疲労亀裂を発見することが可能であったか否かについては明らかにできなかった（一定の仮定の下に発見できた確率を 14 〜 60％程度と計算）としている。

付録1 付図-4 L18接続部の上側ウエブにかかる応力：全部材非破断の場合
（亀裂が全くない場合）

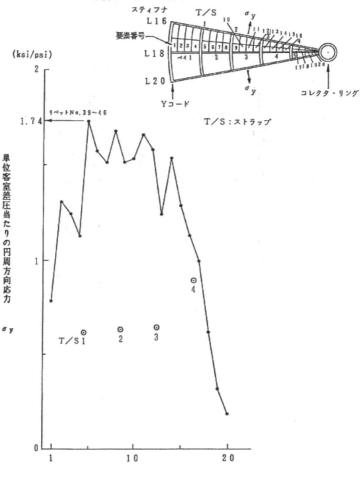

上側ウェブ結合部の応力（事故報告書の解析結果)[2]
（縦軸は差圧1psi当たりの円周方向応力であるが、1列リベット結合のベイ2とベイ3の応力が特に大きい。）

88　第7章

34番リベット孔縁の疲労亀裂の電子顕微鏡写真[2]
（負荷毎の進行を示す縞模様がはっきりと見える。）

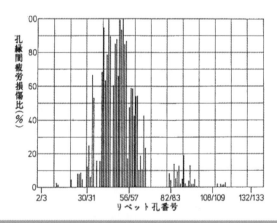

隔壁リベット孔縁間の疲労亀裂進行状況[2]
（縦軸：孔縁間のウェブの長さに占める疲労亀裂長の割合。横軸：リベット孔番号（30〜83：1列リベット結合部））

後部圧力隔壁の破壊

　JA8119のCVR（Cockpit Voice Recorder：操縦室音声記録装置）には、JA8119が上昇を続けて巡航高度24,000ftに到達する直前であった18時24分35秒に「ドーン」というような音が記録されていた。また、その直後の24分37秒から約1秒間、客室内気圧が約10,000ftの高度の気圧まで低下したことを示す客室高度警報音が鳴り、その数秒後から客室でパーサーが乗客に「酸素マスクをつけてください」と繰り返しアナウンスしていることがCVRに記録されていた。（客室内の酸素マスクは、客室内気圧高度が約14,000ft以上に上昇すると落下するように設定されていた。また、後日、酸素マスクが落下している客室内を撮影した写真も公表されている。）

　これらの事実と生存者の証言などから、18時24分頃に大きな音の発生とともに機内に減圧が生じたことは確実と考えられた。

　一方、事故後に回収された後部圧力隔壁から、上側ウェブの1列リベット結合部がリベット孔をつなぐように破断し、スプライス・プレートが当てられていない通常結合部では、上のリベット列に沿って破断していることが発見された。

　疲労亀裂が進行している与圧構造が最終的に差圧によって破壊され

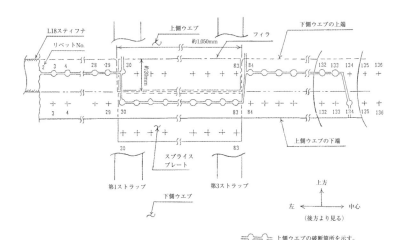

隔壁上側ウェブ結合部の破断状況[2]

る事故においては、疲労亀裂が及んでいない部分が、差圧に耐えられなくなった時点で破壊が生じる。このため、1954年BOACコメット機、1988年アロハ航空B737、2002年中華航空B747などの与圧構造破壊事故では、差圧が最大レベルとなっていた巡航高度到達の直前又は直後に破壊が発生している。本事故においても、後部圧力隔壁の破壊は、巡航高度到達直前に発生したものと推定されている。

事故報告書は、全長の56％までに疲労亀裂が及んでいた上側ウェブのベイ2の1列リベット結合部が、巡航高度24,000ftに達する直前に差圧が最大設定値近くの約8.66psiに達した時点で破断したものと推定している。1列リベット結合部の破断後は、ベイ2全体とその周囲の構造も次々と破断し、隔壁の左側の上下結合部全体が破断して、隔壁に開口が生じたものと推定されている。

隔壁より後方の胴体のリベット孔から吹き出ている断熱材[2]（内圧を受け吹き出たものとみられる）
（このような断熱材が垂直尾翼等の非与圧区域に広く付着）

与圧空気の尾部への流入

隔壁に開口が生じると、客室内の与圧された空気が尾部に流入することになる。与圧室内の壁には、断熱と遮音のために断熱材が取り付けられていたが、事故機の残骸から回収された後部胴体、垂直尾翼等に、これらの断熱材が付着していることが発見された。これは、与圧空気が、与圧室内で巻き込んだ断熱材とともに、与圧室内から隔壁より後方の後部胴体、垂直尾翼に流入した事実を示している。

後部胴体、垂直尾翼の内圧の上昇

　与圧機では一般に、後部圧力隔壁より後方の胴体尾部、尾翼等は非与圧区域であるので、与圧構造に負荷される差圧に耐えられる構造とはなっておらず、内圧が一定以上に高まると、構造に損傷が発生する。このような損傷を防止するため、B747 の後部胴体にはプレッシャー・リリーフ・ドア（水平安定板ジャック・スクリュー点検用のドアを兼ねる）が設けられ、後部胴体内の圧力が外気圧より 1.0 〜 1.5 psi 高くなった時に開き、内部の空気を外に放出するようになっていた。

　ただし、B747 の後部圧力隔壁は、亀裂が生じても、ティア・ストラップのところで亀裂の進行が屈曲してウェブがめくれ上がり（flap）、開口はティア・ストラップとスティフナに囲まれた 1 区画（1 ベイ）に止まるものと想定して設計されており（この設計思想（flapping）については、6 章 16 節を参照のこと）、プレッシャー・リリーフ・ドアの面積は、隔壁の開口が 1 ベイ程度に止まった場合には差圧が 1.5psi 以上に上昇しないように設定されていた。したがって、隔壁の開口がそれより大きい場合は、プレッシャー・リリーフ・ドアは、内圧の過大な上昇を防ぐことができないものであった。（圧力解放能力の不足によって航空機構造が損傷した先例として、1974 年のトルコ航空 DC-10 墜落事故がある。3 章 11 節参照）

　JA8119 の場合、後部圧力隔壁の 1 列リベット結合部は 2 つのベイに及び、その長さだけでも 1m 以上あり、隔壁全体が破断した後の開口面積は、1 つのベイの面積（最大約 0.14m^2）をはるかに超えたものと推定された。（事故報告書は、開口面積を 2 〜 3m^2 程度と推定。）

　この結果、垂直尾翼構造、胴体尾部にある APU の支持構造が耐えられる限界を超えて内圧が上昇したものと推定された。

垂直尾翼、APU 支持構造の損壊

　JA8119 が減圧を生じて異常な飛行状態に陥った後、奥多摩上空を垂直尾翼の大半を欠損した状態で飛行しているところが地上から撮影された。

　また、機体後部にある APU の一部も垂直尾翼、ラダーの一部とともに海上で回収され、これらの部分が空中で JA8119 から分離したこ

とが明らかとなった。

奥多摩町上空を飛行中の JA8119[2]

　事故報告書は、垂直尾翼が異常状態発生の後にどのような状態になったかは必ずしも明らかではないが、下図のような垂直尾翼の欠損状態が異常状態の後の機体の運動を一番よく説明できるとした。
　このような垂直尾翼と胴体尾部の損壊がどのように発生したかについて検証するため、事故調査委員会は、構造強度計算と垂直尾翼構造破壊試験を行い、その結果などから、後部胴体に流入した与圧空気の圧力によって、次のような順序で損壊が進行したものと推定した。

　後部圧力隔壁の開口部から後部胴体に流入した空気は、一部がプレッシャー・リリーフ・ドアから外部へ放出されたが、後部胴体内の圧力の上昇が続き、差圧が 3～4psi 程度で APU 防火壁、支持構造が損壊し、APU が分離、落下した。

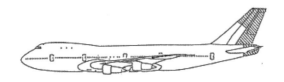

垂直尾翼等欠損推定図（斜線部が欠損部）[2]

垂直尾翼構造の下部にある点検孔から垂直尾翼内部に与圧空気が流入し、差圧が 4psi 程度に上昇した時に垂直尾翼構造の破壊が始まった。

　垂直尾翼構造が破壊すると、それに支持されていたラダーが脱落し、ラダー操縦系統、油圧配管が損壊した。

　（なお、事故報告書は、垂直尾翼構造が破壊する過程においてアフト・トルク・ボックスの剛性が低下してフラッター等が発生した可能性も検討しているが、DFDR にはフラッターを疑わせる振動等の記録もなく、残骸の状況からもその発生の形跡はないとしている。）

　事故報告書は、これらの損壊は、後部圧力隔壁の開口後、数秒程度の短時間のうちに起こったものと推定している。

垂直尾翼損壊後の飛行

　B747 型機の油圧系統は、安全性を高めるために 4 重化され、いずれかの油圧系統が生きていればラダーを制御できるように、4 系統全てが垂直尾翼内構造を通ってラダー駆動装置に配管されていた。このため、垂直尾翼の損壊によって、4 系統の油圧配管が全て破断して油圧作動液が流失し、ほとんど全ての操縦機能が失われた。

　垂直尾翼一部欠損により方向安定性と偏揺れ減衰が低下するとともに、ラダーの脱落によりヨー・ダンパー機能が失われ、機体は横揺れと偏揺れが連成したダッチロール運動に陥った。また、油圧機能が喪失されたことにより、水平安定板が固定され、エレベーターは浮動状態となって、縦の姿勢制御機能が失われ、縦の長周期運動であるフゴイド運動が生じた。

　しかし、このような機体を制御するために残された手段は、エンジン出力制御、電動によるフラップ操作のみ[注]となっており、事故報告書は、いったん発生したフゴイド運動とダッチロール運動を抑制することは困難であり、安全に着陸・着水することはほとんど不可能であったと結論付けている。（注：脚を下げることは可能であった）

　JA8119 は、後部圧力隔壁破壊から約 30 分間不安定な飛行を続けた後、18 時 56 分頃、群馬県上野村山中の稜線に墜落した。

第7章

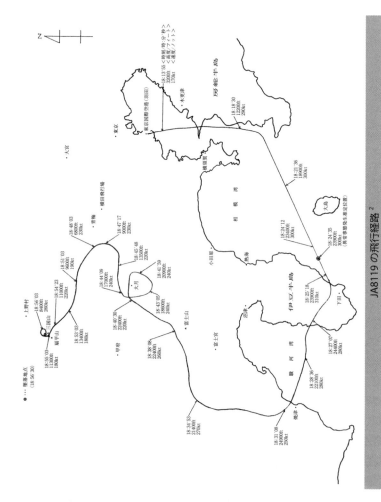

NTSB の勧告

　以上が事故の約 2 年後に公表された航空事故調査委員会の報告書に
基づく事故の概要であるが、航空機製造国として事故調査に参加して
いた米国 NTSB は、事故調査委員会の報告書公表に先立ち、事故発生
の約 4 カ月後の 1985 年 12 月に、その時点までに NTSB が把握した事
実に基づき、B747 の設計、製造に監督責任を有する FAA に対し、8
項目の勧告を行った [57、58]。

［1985 年 12 月 5 日付勧告前文（要旨）］
FAA 長官 Donald D. Engen 殿
　JAL123 便 B747SR-100 の墜落事故については日本政府が調査を継続
しているところであるが、これまでの調査で、当該機は 24,000ft 近く
で減圧を発生し、その後に垂直尾翼の相当部分と油圧全 4 系統の機能
を喪失したことが判明している。初期段階の証拠は、後部圧力隔壁が
破裂して与圧空気が与圧されていない尾部に流入したことを示してい
る。

　B747 の尾部は、過大な差圧に曝された場合、構造が損傷する前に
通気ドアが開いて圧力を軽減するように設計されている。しかし、当
該ドアの大きさは、隔壁が突然大きく開口した場合に生じる高い圧力
の軽減には不十分であり、そのような場合には、高い差圧によって構
造破壊が生じることになる。そのような状況の下で、ラダーが取り付
けられている垂直尾翼アフト・トルク・ボックスが破損し、方向の安
定性と操縦性が損なわれた。

　同様の事例が発生するおそれがあることから、NTSB は、隔壁損傷
の後の圧力上昇による破滅的破壊から尾部を保護する設計変更を行う
べきであると信じる。

　垂直尾翼損壊部分を油圧全 4 系統が通過していたため、油圧全機能
が失われた。油圧が 4 つに分離・独立した系統となっているのは、油
圧に故障が発生しても安全に飛行を継続し着陸できる多重性を備える
ことを目的としたものである。

　NTSB は、その多重性を確保し、全機能が失われるような脆弱性を
解消するため、尾部における油圧系統の設計を変更すべきであると信

じる。

　B747 後部圧力隔壁の fail safe 設計では、亀裂が生じてもティア・ストラップによって進行方向が変えられ、1 つのベイのみがめくれ上がり（flap open）、隔壁の後方に過大な圧力上昇が生じることなく、客室の与圧が穏やかに解放（controlled release）されることを想定する 1 ベイ flapping を基礎としている。しかし、当該ティア・ストラップは、想定されたようには亀裂の進行方向を変えることができなかった。NTSB は、これには不適切な修理が影響したと信じるものの、適正に組み立てられた隔壁の基本的 fail safe 設計についても懸念を有している。

　NTSB は、flapping の考え方が妥当であることを確認するため、B767 にも適用されている当該基本設計について解析と試験を行うべきであり、承認された修理方法についても検討を行うべきであると信じる。

　また、NTSB は、目視検査手順についても懸念を有している。目視検査ではリベット頭部の下の小さな疲労亀裂を発見することができない。亀裂の進行を 1 ベイに食い止める筈の fail safe 設計において、多数の小亀裂が発見されずに進行し得るとすれば、その妥当性が失われる可能性がある。

　NTSB は、疲労損傷が生じている場合にはその範囲を判別できるように後部圧力隔壁の検査間隔を設定することを、FAA がボーイング社に求めるべきであると信じる。

（中略）

NTSB 委員長　Jim Burnett

（上記は 1985 年 12 月 5 日に NTSB が FAA に対して行った勧告の前文の要旨であり、この前文の後に 5 項目の具体的勧告が記載され、また、同月 13 日に勧告の適用範囲を拡大するなどの追加 3 項目の勧告が行われているが [58]、それらの趣旨は上記の前文にほぼ尽くされているので、それらの記述は省略した。前文の正確な表現や具体的勧告の内容を知りたい方は、文献 57、58 を参照されたい。）

事故調査委員会の初勧告
　一方、航空事故調査委員会は、1987年6月19日に事故報告書を公表するとともに、運輸大臣に対して次の勧告（日本の事故調査委員会として初勧告）と建議（緊急、異常事態における乗員の対応能力を高める方策の検討、及び目視点検による亀裂の発見に関する検討を求めるもの）を行った。

（勧告第1号：要旨）
　航空機の大規模な修理が製造工場以外の場所で実施される場合、修理を行う者に対して、修理作業の計画及び作業管理を特に慎重に行うよう、指導の徹底を図ること。
　航空機の大規模な修理が行われた場合、航空機使用者に対して、必要に応じて特別の点検項目を設け継続監視するよう、指導の徹底を図ること。
　大型機の与圧構造部位の損壊後における周辺構造・機能システム等のフェール・セーフ性に関する規定を耐空性基準に追加することについて検討すること。

与圧空気流入によるシステム破壊の防止
　事故調査委員会の耐空性基準に関する勧告とNTSBの尾部と油圧系統の設計変更に関する勧告はいずれも、与圧構造に開口が生じて与圧空気が非与圧区域の構造と重要システムを破壊することを防止することを目的としたものであった。
　まず、NTSBの勧告に対応して、B747の垂直尾翼内に与圧空気が流入しないように垂直尾翼の下部開口部に覆いが取り付けられ（FAA AD 86-08-02により義務化）、また、尾部が破壊しても全油圧が喪失しないように第4油圧系統配管に作動油流失防止装置（hydraulic fuse）が装備され（FAA AD 87-12-04により義務化）、新造機については、油圧系統の配管を分散配置する設計変更も行われた。
　ただし、NTSBのこの2つの勧告（A-85-133、134）は、対象機種をB747、対象部位を尾部、対象システムを油圧系と、それぞれ対象を限定していたが、JAL123便に発生した事態（油圧配管が集中する区

域の構造破壊による全油圧機能の喪失）と類似の事態（システム配線・
配管が集中する区域の構造破壊による当該システム全機能の喪失)は、
他機種の他部位、他システムにも起こり得るものである。

〔5章15節で述べたように、NTSBは、1979年のアメリカン航空
DC-10の事故報告書においては、全型式機を対象として「重要システ
ムが通る区域の主要構造が損傷した場合に起こり得る故障の組合せに
ついて、型式証明において考慮すること。」と勧告していた。また、
FAAは、Low委員会の勧告に応え、1983年に「主要構造部材のどの
1つが破壊しても、または大きな外板に直ちに明白となる部分破壊が
発生しても、飛行が安全に完了できるように航空機は設計されなけれ
ばならない。これらの破壊が発生する可能性がいかに微小と考えられ
ても、その発生を想定し、それによって他の構造、装備、システム及
び設備に起こる可能性の高い二次的損傷を考慮しなければならない。」
との趣旨の基準改正案を公表したが、産業界の反対に遭い、JAL123
便事故の2カ月前の1985年6月にこの改正案を撤回していた。構造
破壊によって引き起こされた重要システムの機能喪失による大事故が
再発したことを踏まえれば、勧告の対象をB747尾部の油圧系統に限
定する必要はなかったのではないかと思われる。（機種(型式)等を
限定すれば、改善策もAD等による対象機種等を限定した個別対策に
なり、全機種を対象とする基準改正とはならない。）この件は、1989
年のユナイテッド航空DC-10の事故にも関連してくる。〕

一方、与圧構造部位の損壊後におけるフェール・セーフ性に関する
規定を耐空性基準に追加することを検討するように求める航空事故調
査委員会の勧告は、対象機種等を限定することはなく、この勧告の趣
旨は、1990年のFAR25.365の改正に反映されることになる。

後部圧力隔壁の設計、検査の改善

後部圧力隔壁の設計の見直しを求めるNTSBの勧告に対応して、
ボーイング社は、隔壁の試験、解析を行った結果、2本のティア・ス
トラップと下部のダブラーを追加した強化型隔壁を開発して新造機に
取り付け、新型機（B747-400）の隔壁にはさらに上部にダブラーを追
加した。

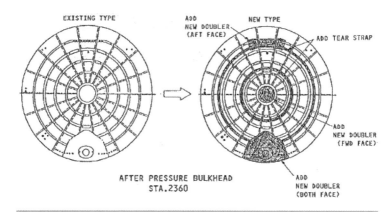

強化型隔壁（B747-400）

　また、目視検査見直しに関する NTSB の勧告を受け、B747 の非強化型の後部圧力隔壁に対する詳細目視検査と非破壊検査の設定が行われた。（FAA AD 87-23-10 により義務化）〔当該 AD の基となった SB の中で、ボーイング社は、飛行回数の多い機体の非強化型隔壁にはいずれ疲労亀裂が生じる（On older airplanes（20,000 flight-cycles or more）, fatigue cracks eventually will occur in aft pressure bulkhead structure.）[59] として、検査を設定していた。しかし、当該 AD 発行後、リベット孔縁の複数の小亀裂が合一して 7.5in の長さになった亀裂が発見され、当該 AD の検査では亀裂を早期に発見できないおそれがあることが判明した[60] こと等から、検査が強化され、1998 年、2000 年に AD が改正、追加発行された。〕

多発疲労損傷への対応－ Flapping 依存の見直し
　ボーイング機の与圧胴体外板と後部圧力隔壁の fail safe 設計においては、亀裂が生じても小範囲で外板がめくれ（flap）、与圧空気は穏やかに解放され（controlled decompression）、危険が生じないうちに損傷の発生が明らかになるとして、損傷発見のための特別な検査を設定する必要はないとされていた（6 章 16 節参照）。
　NTSB は、1985 年 12 月 13 日の勧告においては、後部圧力隔壁についてのこの設計思想を妥当なものとして受け入れ（accept this design

concept as valid）たものの、より高い信頼性を得るための検証が必要であるとした[58]。

　これを受け、FAA は、疲労亀裂が多発した場合に flapping と controlled decompression に依存した fail safe 設計思想が妥当なものであるのかを検討するための委員会を立ち上げた。同委員会が調査した航空機製造者の中ではボーイング社のみが controlled decompression を考慮に入れて構造検査を設定しているとされ、同委員会は、ボーイング機の後部圧力隔壁に検査を追加する等の勧告を行った[51]。

　しかし、同委員会は、flapping に依存した構造検査設定そのものの是非については明確な結論を出さず、その結論は、1988 年のアロハ航空 B737 事故の再発防止策の策定時まで持ち越されることとなった。

参考文献（番号は、1 章からの一連番号）
2. 運輸省航空事故調査委員会、航空事故調査報告書－日本航空株式会社所属ボーイング式 747SR-100 型 JA8119　群馬県多野郡上野村山中　昭和 62 年 8 月 12 日、（1987）
51. FAA, A Report on the Review of Large Transport Category Airplane Manufactures' Approach to Multiple Site Cracking and the Safe Decompression Failure Mode, （1986）
53. 運輸省航空事故調査委員会、日本航空株式会社所属　ボーイング式 747SR-100 型 JA8119 に関する航空事故報告書、及び同一部修正、（1979）
54. Boeing Commercial Airplane Company, 747 Structure Repair Manual, （1981）
55. FAA, AC65-15A; Airframe & Powerplant Mechanics Airframe Handbook, （1976）
56. 運輸省航空事故調査委員会、日本航空株式会社所属　ボーイング式 747SR-100 型 JA8119 に係る航空事故調査について（経過報告）、（1985）
57. NTSB, Safety Recommendations A-85-133 through A-85-137, （1985）
58. NTSB, Safety Recommendations A-85-138 through A-85-140, （1985）
59. Boeing Commercial Airplane Company, Service Bulletin 747-53-2275, （1987）
60. FAA, FR Doc. 98-25123, （1998）

航空機構造破壊
第 8 章

　1988 年 4 月 28 日、米国アロハ航空の B737 がハワイのヒロ空港を出発して上昇中、突然、前方胴体の床上の外板が長さ約 18ft にわたって機体から分離し、客室乗務員 1 名が機外に吹き飛ばされて行方不明となり、同機はカフルイ空港に緊急着陸した。前方胴体上部の外板を失って客席が外部に曝された同機の映像が大々的に報道され、米国社会は大きな衝撃を受けた。事故後、整備や設計に関する様々な問題点が明らかとなり、この事故を契機として米国の経年機対策が抜本的に見直され、型式証明における全機疲労試験の義務化（1998 年）などの重要な米国連邦航空規則改正等が行われた。

20 アロハ航空 B737 胴体外板剥離事故（1988 年）[61]

事故の概要

　アロハ航空 B737-200、N73711 は、ハワイのヒロ空港を 1988 年 4 月 28 日 13 時 25 分にホノルルに向かって出発したが、巡航高度 24,000ft に到達した 13 時 46 分に突然、前方胴体の床上の外板が長さ約 18ft にわたって機体から分離し、客室乗務員 1 名が機外に吹き飛ばされて行方不明となった。同機は、緊急降下を行い、13 時 59 分、マウイ・カフルイ空港に緊急着陸した。この事故により、乗員乗客 95 名中、行方不明となった 1 名の客室乗務員の他に 8 名が重傷、57 名が軽傷を負った。

　事故機は 1969 年に製造され、飛行時間 35,496hr、飛行回数 89,680 回（当時、B737 では世界で 2 番）の経年機であった。

着陸後のアロハ航空B737[62]

機体の損傷状況

　胴体外板の剥離範囲は、縦方向には搭乗口後方（BS360[注1]）から主翼手前（BS540）までの約18ft、胴体周りには左[注2]床面（S-17L[注3]）から右窓（S-10R）までに及んでいた。

注1：BS（Body Station）は、機体の前後方向の位置を表す。
注2：左右方向は、機体後方から前方を見てのもの。
注3：Stringer（縦通材）の番号。L/Rは、左右を示す。

　胴体外板以外にも、BS420〜BS500の床桁（Floor Beam）が大きく損傷し、左エンジンのコントロール・ケーブルが破断するなど、機体の各部が損傷していた。

胴体外板パネルのリベット孔の亀裂

　B737-200の胴体は、4つのSection（41, 43, 46, 48）で構成され、Section相互は、突き合わせ継手（Butt Joint）によりFrame（円框）で結合されていた。各Sectionの外板は、複数のパネルで構成され、外板パネル同士は、重ね合わせ継手（Lap Joint）で結合されていた。剥離したSection 43の外板パネルのLap Jointは、S-4L/R、S-10L/R、S-14L/R、S-19L/R、S-26L/Rの各Stringerに結合されていた。
　B737胴体外板パネルのLap Jointは、291号機までの初期製造機では、外板パネル同士を接着剤で常温接着（Cold Bond）し、さらに3列リベットで結合するもので、152号機であった事故機のLap Jointも常温接着

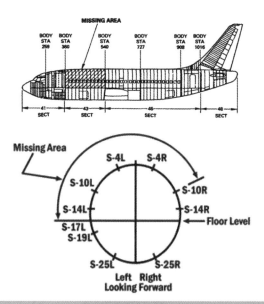

胴体外板剥離範囲 [61、62]

されていた。

　常温接着の Lap Joint については、B737 の運航開始後、湿気が入り込み接着部が剥離する不具合が生じることが判明したため、292 号機以降では、常温接着をやめて気密性の高い Fay Surface Seal 方式に変更されていた。

　Lap Joint 部における与圧荷重は、リベットではなく主に接着部によって伝達されることを想定して設計されており、常温接着部に剥離が生じると、荷重は 3 列リベットで受け持たれ、沈頭リベット孔の鋭角部（Knife Edge）に応力集中が生じ、疲労亀裂が起こり易い状態になるものであった。

　疲労亀裂が最も発生し易いリベット列は、このような鋭角部がある上側パネルにおいて最大応力を受ける上のリベット列となる。このリベット列孔縁には小さな複数の疲労亀裂が生じ易く、それらが発見されずにいると、やがて合体して大きな亀裂となるおそれがあったが、そのことは当時よく認識されていなかった。

104　第8章

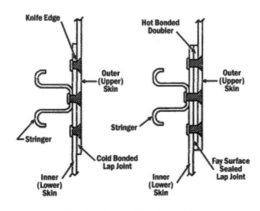

Section 43 の外板パネルの Lap Joint 部 [62]

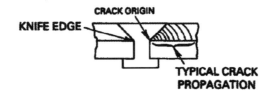

沈頭リベット結合応力集中部 [61]

　ボーイング社では、常温接着部の不具合と腐食によって B737 初期製造機の胴体外板に亀裂が生じたとの報告を受け、1972 年にそれらの胴体外板の検査を航空会社に求める SB（Service Bulletin）を発行していたが、さらに 3 機の B737 の S-4L/R、S-10R、S-14R の上側パネルに複数の疲労亀裂が発生したとの報告を受け、1987 年 8 月 20 日にこの SB を緊急性の高い Alert SB[64] として再発行していた。

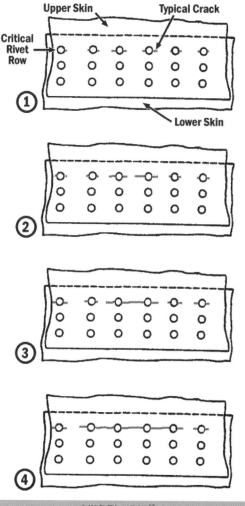

疲労亀裂の進行 [62]

アロハ航空の整備

　ボーイング社は、B737 の D 点検の間隔を MPD（Maintenance Planning Document）の中で飛行時間 20,000hr 毎と推奨していたが、アロハ航空では、その間隔を 15,000hr と MPD の推奨時間より短く設定していた。しかし、MPD では 1hr 当たり 1.5 回の飛行を想定していたのに対し、アロハ航空では平均して 1hr 当たり約 3 回飛行していた。これを勘案すると、アロハ航空の点検間隔は、飛行回数に関連する項目については MPD 推奨時間より実質的に相当長く、アロハ航空では飛行高度が低く与圧が小さい影響を考慮しても、なお MPD より長くなっていた。

　また、機体構造の検査間隔は、飛行時間、飛行回数のみで決められるべきものではなく、腐食等の環境劣化については歴年月も考慮すべきである。ボーイング社では D 点検は 6 ～ 8 年毎で行われることを想定していたが、アロハ航空では 8 年毎となっていた。アロハ航空のように塩分に曝される機会が多い運航環境では、腐食には特に配慮する必要があったものと考えられ、8 年は、接着剥離発見、腐食対策等の観点からは長過ぎるものであった。

　このように構造検査間隔に問題があったばかりでなく、アロハ航空は、ボーイング社が推奨する防食プログラムも実施していなかった。事故後、NTSB がアロハ航空に他の B737 を検査させたところ、ほとんど全ての機体の Lap Joint 部に腐食の徴候が確認された。

　これらに加え、NTSB は、アロハ航空が機体の稼働率を上げるために D 点検を 52 分割して実施していることも問題とし、このように細分化しては機体の状態を総合的に評価することができないとし、それを認可した FAA も批判した。

　アロハ航空に対する FAA の監督については、現場で整備を監督する FAA の担当検査官が、他の業務に忙殺され、アロハ航空の実情を把握していなかったばかりでなく、B737 の経年化に関するボーイング社とアロハ航空の情報交換の場から排除されていた事実も指摘されている。

不適切な AD

　事故調査報告書の中で、FAA は様々な批判を受けているが、その中には、AD（Airworthiness Directive）の内容が不適切であったことの指摘もあった。

　FAA は、事故前の 1987 年 11 月、Lap Joint 部に疲労亀裂が生じて急減圧が生じることを防止するため、Lap Joint 部の詳細目視検査を行い、亀裂が発見されれば、亀裂が発見されたパネル全体を渦電流検査することを求める AD[63] を発行した。

　しかし、AD の基となったボーイング社の Alert SB では、S-4、S-10、S-14、S-19、S-20、S-24 の各ストリンガーの Lap Joint を検査すべきとなっていたが、AD では、検査すべき Lap Joint は S-4L/R のみに限定された。

　（事故後の公聴会で、FAA 担当者は、検査範囲を限定したのは統計的情報を分析し作業範囲を考えてのことであったと証言している。しかし、事故後に実施された残された外板の渦電流検査によって S-10L から 17 個、S-14R から 2 個の疲労亀裂が発見されていることからも、検査を S-4 に限定すべきではなかったと考えられる。）

　アロハ航空は、Alert SB で求められていた各 Lap Joint の検査はせずに、AD に従って S-4L/R の Lap Joint のみを検査した。しかし、その検査も確実に実施されたのかは疑わしく、目視検査によって亀裂が発見されたので、本来であれば、亀裂が発見されたパネル全体にわたって Lap Joint を渦電流検査しなければならなかったが、渦電流検査が実施された記録はなかった。

　（事故機の検査員は、目視検査で亀裂を発見したので渦電流検査も実施したが、他の亀裂は発見できなかったと証言した。しかし、事故後に行われた検査では、残された後方胴体外板から多数の亀裂が発見された。NTSB は、渦電流検査が適切に実施されていれば多くの疲労亀裂が発見されていた筈であるとしている。）

　この AD は、検査範囲が不適切なばかりでなく、亀裂が発見された場合の指示も不明確であった。指示の本来の趣旨は、亀裂が発見されたパネルの上側リベット列全体を沈頭型から頭部突起型に交換せよとするものであったが、AD を受け取った航空会社は、リベット交換は修理を行う場合にその一環として行われるものと理解していた。

このため、アロハ航空は、S-4R Lap Joint の上側リベット列の交換については、亀裂発生孔リベットのみ行い、他のリベットの交換は行わなかった。

検査に関するヒューマン・ファクター

NTSB は、検査に関するヒューマン・ファクターの問題も指摘している。AD に従えば、まず約 1,300 のリベットを目視検査しなければならず、目視検査で亀裂が発見されれば、パネル 1 枚について約 360 のリベットを渦電流検査しなければならなかった。また、検査を行う時間帯は、照明が必要な夜間早朝が多く、検査箇所も胴体上部ではかなりの高所となった。

NTSB は、高所で照明を行いながら多数のリベット検査に集中力を維持し続けることは容易ではなく、見落としなどのエラーが発生し易い状況であったとしている。

また、検査員の教育訓練、資格についての問題点も指摘された。

胴体構造破壊のシーケンス

事故機から剥離した外板の相当部分は海上に落下して失われ、最初に破壊したと疑われた部分も回収することはできなかった。

しかし、NTSB は、乗客の 1 名が事故機に搭乗する前に S-10L のストリンガー沿いの外板に亀裂があったことを目撃していること（事故後、当該乗客に類似機で目撃位置を示させ、S-10L であったことを確認）、客室乗務員が吹き飛ばされた状況を目撃した乗客の証言、事故機の損傷状況等から、S-10L 沿いの Lap Joint の外板に発生していた多数の疲労亀裂が運航中に合一したことから、広範な外板剥離に至ったものと結論付けた。

B737 与圧胴体の Fail Safe 設計 - Flapping

（B737 与圧胴体の Fail Safe 設計については、6 章 16 節で解説したので詳しくはそちらを読んで頂きたいが、その要旨を以下に再掲する。）

B737 与圧胴体構造の Fail Safe 性は、ギロチン・テストにより、通常の差圧に対しては、外板に長さ 40 インチを超える亀裂があっても

耐えられるものであることが証明されていた。

　また、与圧胴体は、Flappingと言われる現象によって、外板に亀裂が生じても、一定以上に拡大することなく、外板がめくれ上がり（Flap）、亀裂は小範囲に止まるとされていた。めくれ上がった外板はそれ自体で発見が容易であるが、亀裂の進展が小範囲で止まれば、外板のめくれによる与圧胴体の開口面積も小さく、客室に穏やかな減圧（Controlled Decompression）が生じる。

　この穏やかな減圧は、安全なものであり、かつ損傷の存在を明白にするものであるとボーイング社は考え、与圧胴体構造は、FlappingによってFail Safe性の要件を満たすので、与圧胴体外板には特別な検査は必要がないものとみなしてきた。

　しかし、このFail Safe性は、腐食や疲労などによる広範な損傷が存在する場合には、必ずしも有効ではないことが遠東航空B737事故、JAL123便事故で示されてきた。

　NTSBは、本事故の調査報告書において、このようなB737与圧胴体のFail Safe設計について、接着剥離や腐食によってFlappingが成立しない可能性があることを改めて指摘した。

　また、NTSBは、B727の型式証明の疲労試験では全胴体構造が用いられたが、B737の疲労試験では全胴体ではなく「かまぼこ兵舎形

B737胴体疲労試験供試体[49]

（Quonset）」と言われる半胴体の構造が使用された事実を指摘し、機体の全構造を用いて予想運航寿命の少なくとも 2 倍に相当する疲労試験を行うことを型式証明基準において要求すべきであると主張した。

推定原因

NTSB は、アロハ航空の整備プログラムが接着剥離と疲労損傷を発見できなかったため、S-10L の Lap Joint の破壊と胴体上部の分離が生じたものと推定した。

関与要因としては、NTSB は、アロハ航空の経営の整備部門への不適切な監督、FAA のアロハ航空整備プログラムへの不適切な監督、ボーイング社の Alert SB が全ての Lap Joint の検査を求めていたにもかかわらず FAA AD では一部しか検査を義務付けなかったこと、ボーイング社及び FAA が常温接着部に対する恒久的対策を講じなかったことを挙げている。

勧告

NTSB は、本事故に関し、整備、設計等に関する 21 件の勧告（A-89-53 ～ 73）を行い、一部を除き[注]、それぞれ改善策が講じられた。

注：飛行回数と飛行時間の関係が MPD 想定と大きく異なる航空会社の整備について是正を求める勧告（A-89-54）に対する FAA の改善策については、NTSB は、不十分で受け入れられない（Unacceptable）としている。

主な勧告に対する改善策は、次のとおりである。

［腐食対策］

総合的な腐食対策を求める勧告（A-89-59）に対しては、B707/720/727/737/747、DC-8/9/10、L-1011、A-300 等に総合的な腐食対策プログラム（CPCP：Corrosion Prevention and Control Program）を義務付ける AD が発行された。FAA は、他の大型機にも CPCP を義務付ける規則改正案を提案したが[65]、整備方式作成の指針が CPCP を考慮するように改正されており[66]、新しい型式機の整備方式には CPCP が組み込み済みとの理由で改正案を撤回した[67]。

[全機疲労試験の義務付け]

　全機疲労試験（実機の全構造を使って行う疲労試験）を経済運航寿命の 2 倍以上行うことを求める勧告（A-89-67）を受け、FAA は、1998 年に設計運航目標の 2 倍以上の全機疲労試験の義務付ける設計基準改正を行った [68]。

　（コメット機の事故以降、全機疲労試験の重要性と必要性は幅広く認識されてきたが、FAA は、全機疲労試験は必ずしも実運用と同じ結果をもたらすものではなく安全性は他の規定で担保されるなどの理由から、その義務付けを見送ってきた。FAA は、本勧告を受け、それまでの姿勢を翻し、1998 年の FAR25.571 の改正において、WFD（Widespread Fatigue Damage）防止を規定するとともに、全機疲労試験の義務付けを行った。FAA は、本改正の提案時は、それまでとは一転して、全機疲労試験の必要性を述べるとともに、近年はメーカーが自主的に試験を実施しているので義務化に伴う追加コストはごく僅かになると強調しており [37]、それまでの義務付け見送りの真の理由はコストであったことを窺わせている。）

[Flapping に依存しない構造検査設定]

　NTSB は、本事故の調査報告書において、リベット列に亀裂が多発した状態では、Flapping が成立しないことは明らかであるとし、「経年機に対する特別検査指示書（SSID：Supplemental Structural Inspection Document）において、胴体外板を『発生損傷は明瞭』と区分することを止めること。さらに、発生損傷が明瞭とされている他の全ての重要構造部材を特別検査プログラムに入れるべきか検討すること。」との勧告（A-89-68）を行った。

　この勧告に対し、FAA は、特別検査の設定において胴体外板を「発生損傷は明瞭」と区分することを取り止めることに同意し、B727/737/747 の SSID からこの区分（6 章 16 節参照）が削除され、JAL123 便に関する勧告（A-85-135/138）についてもようやく最終的な結論が得られることとなった。（7 章 17 節参照）

112　第8章

参考文献（番号は、1章からの一連番号）

3. FAA, 14 CFR Parts 25, 121, and 129 - Aging Aircraft Program: Widespread Fatigue Damage; Proposed Rule, (2006)

37. FAA. Fatigue Evaluation of Structure; Notice No. 93-9, (1993)

49. Maclin, J. R., Performance of Fuselage Structure, NASA CP-3160, pp.67-73, (1992)

61. NTSB, Aircraft Accident Report: NTSB/AAR-89/03, (1989)

62. FAA, Lessons Learned From Transport Airplane Accidents, (2010)

63. FAA, AD 87-21-08, (1987)

64. Boeing Commercial Airplane Company, Boeing 737 Alert Service Bulletin 737-53A1039, (1987)

65. FAA, Docket No.FAA-2002-13458; Notice No. 02-16, (2002)

66. ATA, MSG-3 Revision 2, (1993)

67. FAA, Docket No. FAA-2002-13458; Notice No. 04-04, (2004)

68. FAA, Fatigue Evaluation of Structure, Docket No. 27358; Amendment No. 25-96, (1998)

69. FAA, 14 CFR Parts 25, 26, 121, et al. - Aging Airplane Program: Widespread Fatigue Damage; Final Rule, (2010)

航空機構造破壊
第9章

　1989年7月19日、ユナイテッド航空のDC-10は、巡航中にエンジンが破壊し、飛散破片が油圧系統を損傷して全油圧機能を喪失したが、乗員は一致協力し、操縦困難となったDC-10を空港滑走路に正対させることに成功した。着陸の瞬間に右翼端が接地して機体が横転し、搭乗者296名中112名が死亡したが、184名を生還させた乗員の対応は高い評価を受けた。エンジン破壊の原因は金属材料の欠陥であり、欠陥を生じた製造工程、欠陥を見落とした検査手順、配管損傷が全機能喪失に至った油圧システム設計等の問題点が指摘された。

21 ユナイテッド航空 DC-10 着陸横転事故（1989年）[70]

事故の概要

　1989年7月19日、ユナイテッド航空232便DC-10-10は、シカゴに向かってデンバー市のステイプルトン空港を14時9分に離陸した後、高度37,000ftを巡航中の15時16分に突然、垂直尾翼に取り付けられた第2（センター）エンジンの前方部分が破壊し、エンジン前方部分とテール・コーンが機体から分離して落下した。

　第2エンジンの破壊により第2油圧系統が破壊され、飛散したエンジン部品破片により水平尾翼が損傷を受け、第1、第3油圧系統の配管が破断し、全ての油圧機能が失われ、操縦系統が不作動となった。

　DC-10は操縦困難に陥ったが、乗り合わせていた非番の訓練審査担当操縦士（Training Check Airman）が客室乗務員を通じて機長に助力を申し出た。機長は直ちにその申し出を受け入れ、非番の操縦士を操縦室に招き入れてエンジン出力操作を行うこと依頼した。非番の操縦士を含む全乗員は協力して、状況の把握に努め、機体のコントロール

114 第9章

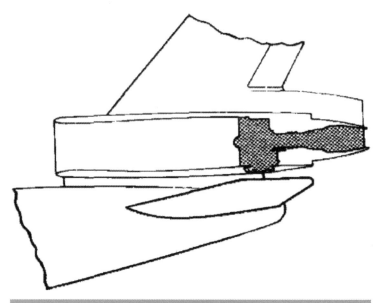

第2エンジン取付け位置[70]

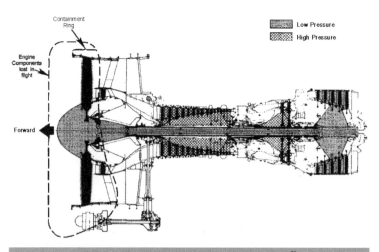

破壊・分離したエンジン前方部分（破線で図示）[70]

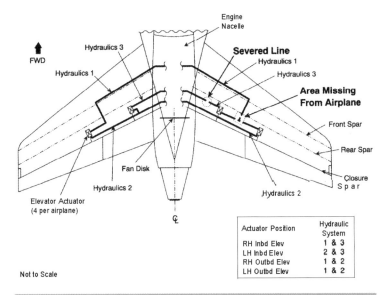

右水平尾翼の油圧配管損傷[70]

空港に進入中の DC-10[71]
（矢印は、右水平尾翼の損傷箇所を示す）

に全力を尽くした。

　DC-10 に残された操縦方法は、左右のスラスト・レバーを別々にコントロールして、非対称推力を発生させることのみであった。しかも、水平安定板と昇降舵が動かなくなっていたので、トリム（釣合）速度も固定されたままとなり、ピッチ角と垂直速度が約 60 秒の周期で振動するフゴイド運動に陥り、飛行方向を制御しながらフゴイドを抑え

116　第9章

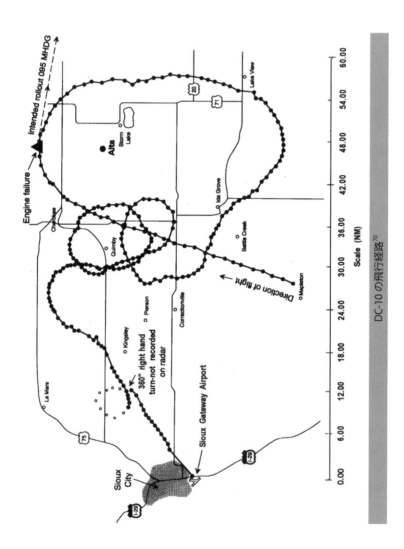

DC-10の飛行経路[70]

る推力のコントロールは困難を極めた。

　方向を制御するため、まず、推力を非対称にしてヨーイング・モーメントを発生させ、横滑りを生じさせた。そして、その横滑りが主翼の後退角と上反角の効果によってローリング・モーメントを発生させ、ロール角が生じてようやく方向の変化が生じるのだった。さらに、機体には、尾部の損傷によるローリング・モーメントが生じていて常に右に旋回する傾向があった。

　このような困難の中、乗員は、懸命な努力により、徐々に機体を制御することに成功し始め、機体をスー・ゲイトウェイ空港の滑走路（閉鎖中であったが緊急に供用）に正対させる位置までもってくることに成功した。

　推力コントロールによる飛行制御には時間遅れがあるので、接地のためのスラスト・レバー操作は、接地の 20 ～ 40 秒前に操作結果を予測して行わなければならなかったが、そのようなことを完璧に行うことは不可能であった。16 時 00 分、右翼端に続いて右主脚が接地した後、機体は、滑走路の右方向に滑り、横転して着火した。直ちに消火救助作業が開始されたが、搭乗者 296 名中 112 名[注]が死亡し、184 名が生還した。

注：内 1 名の死亡は事故から 31 日後であり、事故報告書では規定によってこの 1 名は死亡数に参入されていないので、本事故の死者数は一般には 111 名とされている。

　事故後、NTSB は、事故機の飛行状態を再現するシミュレーター実験を行った結果、ピッチ角の振動を抑えることは不可能で、目標地点に適正な速度で着陸できるかどうかは殆ど運任せになることが判明した。このような状態の機体の進入着陸操作は、多くの未知の要因がありシミュレーター訓練で対応操作を習熟させることは事実上不可能と結論付けられた。

乗員等の対応－CRM の効果

　操縦が極めて困難となった DC-10 を空港まで導くことができたことには、非番の操縦士を含む全乗員の一致協力があった。NTSB は、機長が非番の操縦士からの援助を積極的に受け入れる適切な判断を行

い、全乗員が協力して困難な事態に対応することができた背景には、ユナイテッド航空が以前から積極的に乗員の訓練に取り入れてきたCRM（Cockpit Resource Management[注]）があったものと分析している。

注：1978年に燃料枯渇のため墜落したユナイテッド航空DC-8の事故において、機長は副操縦士や航空機関士の助言に耳を傾けず、彼らも自己の懸念を明確に機長に伝えなかった。NTSB は、この事故に関し Flightdeck Resource Management を推奨する勧告を行い[72]、この勧告等を契機として Cockpit Resource Management が開発され、ユナイテッド航空が CRM を乗員の訓練に取り入れた最初の航空会社となった[73]。FAA が発行している CRM の指針においては、1993 年の改正で CRM の対象を乗員以外の客室乗務員等の運航安全に必要な他の要員に拡張し、その改正以降、名称も Crew Resource Management となった[74]。本事故発生は CRM 対象拡張前であったが、下記に記すように、本事故においては乗員のみならず他の要員も協調して危機に対応しており、既に一定の Crew Resource Management が行われていたとも言える。

184 名の生還には、高い賞賛に値すると NTSB が評価した乗員の活躍ばかりでなく、客室乗務員、ATC などからの適切な支援も寄与したことが事故報告書や機長の証言[75]から明らかとなっている。（例えば、客室乗務員は、操縦に忙殺されていた操縦室への連絡は必要最小限にする一方、客室内では緊急着陸の前に乗客に耐衝撃姿勢をとらせることを徹底し、体の小さい子供にはシートベルトと体の間に枕を挟ませて回った。この枕によって 2 歳半の少年が着陸時の機体横転時にも負傷することなく生還している。また、ATC も機動的な対応を行った。その一方、航空会社の地上からの支援については、事故報告書は厳しい評価を行っている。）

事故の発端－エンジン部品材料の欠陥

事故の発端となった第 2 エンジン破壊の原因は、事故の約 3 カ月後にとうもろこし畑から発見された第 1 段ファン・ディスクの調査から判明した。

発見された第1段ファン・ディスク[70]

　第1段ファン・ディスクは2つに割れて発見されたが、その破断の原因は、ディスク製造時に生じた金属組織の欠陥（metallurgical defect）から生じた疲労亀裂によるものであった。疲労亀裂は、Bore部（ディスク内側開口部）表面の幅0.055inの空洞（Cavity）付近から発生、進行しており、その空洞の周囲にはHard Alpha[注]と言われる金属組織異常があった。

注：チタン、チタン合金の結晶構造にはα相（稠密六方晶）とβ相（体心立方晶）があり、本ディスク原材料であるチタン合金Ti-6Al-4Vでは両相がほぼ同量存在する。Hard Alphaは、チタン合金溶解過程で生じる代表的な組織異常の1つであるα相窒化チタンの介在物（Inclusion）で、周囲組織より硬く、空洞、亀裂を生じ易い。事故報告書にHard Alphaによる本事故以外の数件のエンジン破壊事例が挙げられている。

　このディスクの製造者は、1971年まではチタンの真空アーク溶解を2回行う方式（double vacuum melting process）を用いていたが、1972年からはHard Alphaがより生じにくい真空アーク溶解を3回行う方式（triple vacuum melting process）[注]に変更していた。破断したディスクは2回溶解方式で作られた最後のものの1つであり、Hard Alphaはこ

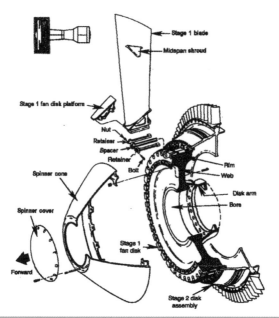

第1段ファン・ディスク概要[70]

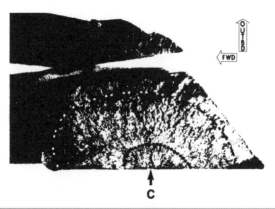

疲労亀裂拡大写真[70]
(C:空洞、一点鎖線:亀裂範囲、破線:変色範囲)

の溶解過程で生じたものと考えられる。

注：現在の航空エンジンのチタン合金ディスクは、さらに Hard Alpha が生じにくい方式によって製造されている[76,77]。

欠陥、亀裂を発見できなかった非破壊検査

　事故機の機体（型式 DC-10-10）は、1971 年製造、総飛行時間 43,401hr、総飛行回数 16,997、第 2 エンジン（型式 GE CF6-6D）は、1971 年製造、総使用時間 42,436hr、総飛行回数 16,899 であった。また、第 2 エンジン第 1 段ファン・ディスクは、1971 年製造、総使用時間 41,009hr、総使用サイクル数 15,503 であった。

　ディスクの疲労亀裂のストライエーション（荷重が繰り返される毎に進行する微小な縞模様）の数は、ディスクが使用された飛行回数にほぼ一致し、疲労亀裂はディスク使用開始直後から進行し始めていたものと推定された。ディスクに対しては、製造から 18 年間、飛行回数 15,000 を超える間に非破壊検査が何度も繰り返されてきたが、材料欠陥と疲労亀裂はこれらの検査でことごとく見逃されてきた。

　亀裂には変色した部分があったが、この変色は蛍光浸透探傷検査の過程で生じたものと推定された。変色部分の大きさと亀裂進展解析結果から、NTSB は、ディスクがエンジンに取り付けられてからユナイテッド航空が実施した 6 回の蛍光浸透探傷検査のうち、事故の 760 飛行前に行われた最後の 6 回目の検査時には、Bore 表面の亀裂長は約 0.5in に達しており、亀裂は発見可能であったものと結論付けた。NTSB は、亀裂が発見されなかった原因として、不適切な検査手順、検査員の不注意などの可能性を挙げている。

損傷許容性評価のエンジンへの適用

　以上のように、この事故の発端となったエンジン破壊は、製造時の材料欠陥から生じた疲労亀裂が検査によって発見されなかったため発生したものである。

　航空機の機体構造については、1978 年に損傷許容（Damage Tolerance）設計基準が導入され、それ以降、構造部材に製造時の初期欠陥が存在することを前提とした設計が行われるようになったが（2

章7節参照）、民間航空エンジンの設計においては損傷許容性の評価は行われず、製造時の材料欠陥が十分には考慮されていなかった。（米空軍は、1984年にMIL-STD-1783: The Engine Structural Integrity Program（ENSIP）を制定し、航空機構造の分野におけると同様に、民間に先行してエンジン設計に損傷許容性評価を導入していた。）

　従来、民間航空エンジン部品の寿命制限に当たっては、Safe Life方式が適用されていた。事故機のエンジンについては、型式証明時、エンジン・メーカーがFAAに対して、第1段ファン・ディスクは、欠陥がなければ、少なくとも54,000cycleまでは疲労亀裂が生じることはないとする疲労強度解析結果を示していた。FAAは、それに対して安全率1/3を適用して、ディスクのSafe Life（安全寿命）を18,000cycleとしていた。しかし、それまではCF6-6の第1段ファン・ディスクに亀裂が生じた報告はなかったものの、この事故では、この安全寿命を下回る15,503cycleで破壊が発生する結果となった。

　NTSBは、この事故以外にも使用サイクル制限が設定されていたエンジン部品がそれらの制限前に破壊した多くの事例があることを指摘し、破壊した場合に重大な影響を及ぼす可能性のあるタービン・エンジン部品に対して損傷許容性評価に基づいた検査を実施することを求める勧告（A-90-90）を行った。ただし、この勧告に対しては、FAAは、1993年にエンジン設計計基準（FAR33）自体には問題はないとして、基準改正は行わないとの決定を行い、NTSBもそれを受け入れた[79]。

　しかし、1996年、再びエンジン製造時の欠陥に起因する重大事故が発生した。

　1996年7月6日、デルタ航空のMD-88は、フロリダ州ペンサコラ空港で離陸滑走中に左エンジンが破壊し、飛散した破片によって2名が死亡した[78]。事故調査の結果、左エンジンのフロント・コンプレッサー・フロント・ハブ（ファン・ハブ）には製造過程で生じた材料欠陥があったが、ハブ製造時の検査でその欠陥が見落とされ、デルタ航空の蛍光浸透探傷検査でまたしても欠陥から進行した疲労亀裂が見逃されていたことが判明した。

　このような状況を踏まえ、FAAは、2001年にエンジン・ローターのディスク等に使用サイクル制限を設定する設計基準（FAR33.14）に

ファン・ハブ飛散により機体が損傷した MD-88[78]

対する適合性証明のための新たな指針（AC33.14-1）[79] を定めた。それまでは、エンジン部品の寿命設定は Safe Life 方式に基づき、材料欠陥はないとの前提の下で、予測された疲労損傷発生までの使用サイクル数に安全係数を掛けて制限サイクル数を求めていたため、欠陥の存在による短期間での破壊を防止できなかった[注]。

注：構造部材が疲労破壊するまでの期間は、一般に、疲労亀裂が最初に発生するまでの期間と、発生から臨界長（運用中に予想される最大荷重を受けた場合に破断する長さ）まで成長する期間とを合わせたものとなる。チタン合金製のディスクなどでは、欠陥が存在しない場合の疲労亀裂発生までの期間は相当長いのに対し、欠陥がある場合には疲労亀裂は使用開始直後から成長を始めて比較的短期間で臨界長に達する可能性がある。DC-10 事故では、前述のとおり、疲労亀裂発生までは少なくとも 54,000 サイクルかかると予想されていたのに対し、実際には、欠陥から亀裂が成長し破壊するまでのサイクル数は 15,503 であった。

このような方式に対し、新指針は、チタン合金ローター部品[注]の使用サイクル制限の設定に、欠陥（anomaly）の存在を前提として、欠陥の大きさ、存在確率、成長、検査による欠陥の発見確率等を考慮した損傷許容性評価を取り入れている。

注：同 AC には、"the data included in this AC are only applicable to titanium alloy rotor components." と記されている。

さらに、2007 年、FAA は、欧州基準（JAR-E515, CS-E515）との整

合性も考慮し、エンジン設計基準に損傷許容性評価を求める新条項
（FAR33.70）を制定した（同時に FAR.33.14 が廃止されたが、その内容
は、修正の上、新条項の中に再規定された）[80]。

エンジン破片飛散対策

DC-10 の型式証明において、設計審査中であった 1970 年当初には
エンジン装備に関する設計基準 FAR25.903（d）の改正はまだ発効し
ていなかったが、改正内容を考慮に入れ、「エンジン・ローター破壊
時における危険性を最小限にする設計上の措置」を求める趣旨の特別
要件（Special Condition）が追加適用された。

マクダネル・ダグラス社は、この特別要件に関して、「エンジンと
関連システムは分離して配置されているので 1 つのエンジンの破壊
が他のエンジンやシステムに悪影響を及ぼす確率は極微（extremely
remote）である。油圧システムの設計上の配慮も特別要件への適合性
を示すものである。」との趣旨を FAA に回答し、FAA は、1970 年 7 月
17 日に特別要件適合を承認した。

その後、上記の基準 FAR25.903（d）の改正が発効し、さらに、1988
年にはエンジン・ローター飛散事例に関する NTSB の勧告などによっ
て、エンジン破片飛散時等の危険性を最小限にするための設計上の配
慮に関する指針（AC20-128）が発行された。この指針は、考慮すべき
破片の飛散角度、大きさ、エネルギーや、破片の影響を受ける操縦系
統や油圧系統の配置などについて記述されていたが、本事故によって
内容が見直され、1997 年に改正版（AC20-128A）[81] が発行された。

全油圧機能喪失への対応

ユナイテッド航空 DC-10 の事故では、エンジン部品の飛散により
油圧配管が損傷し、作動油が流失して全油圧機能が喪失し、エンジン
出力制御以外の操縦機能が失われた。

油圧配管の破断により全油圧機能が喪失して殆どの操縦系統が不作
動となった前例には、1985 年の JAL123 便の事故（7 章 17 節参照）があっ
た。JAL123 便事故の後、ボーイング社は、配管が破断しても少なく
とも 1 つの油圧系統は生き残るように、作動油が急激に流れ始めた場

合に流失を食い止める装置を自社製の旅客機に装備した。また、エア
バス機、L-1011 も同様の安全装置を装備していた。

　しかし、マクダネル・ダグラス社は、自社での検討の結果、DC-10
にそのような安全装置を装備することを見送っていた。航空専門誌
Flight International は、1989 年 9 月 30 日号に「DC-10 はフェール・セー
フ油圧を装備する最後のワイドボディ」と題する記事を掲載して同
社の安全対策の遅れを批判しているが、その記事の中で、「我々は
747 に発生した危険性を調査したが、そのような危険性は DC-10 や
MD-80 には存在しないと結論付けていた。」という同社の Warren 副社
長の発言が引用されている[82]。この発言の趣旨は、「JAL123 便事故の
原因は、稀な整備作業のミスであり、そのようなことが再び起こる可
能性は極めて低く、少なくとも自社製機に起こる筈がないと考えてい
た。」ということである。

　航空機の運航上必須のシステムは、所要の安全性を確保するために
多重化され、また多重化された一系統に故障が発生した場合にその影
響を受けないように、多重化された配線、配管等を空間的にも分離す
る措置がとられている。しかし、航空機内の空間分離には自ずと限界
があり、大規模構造破壊、爆発、部品飛散等が生じると、その影響が
及ぶ範囲を一系統のみに止めることは困難な場合があるものと考えら
れる。

　油圧配管については、そのような事態を想定し、または現実に発生
した大惨事を教訓として、他メーカーでは、作動油の全面的喪失を防
止するための遮断装置を自社機に装備してきた。一方、マクダネル・
ダグラス社では、JAL123 便事故のような稀な整備作業のミスによっ
て引き起こされる事態が将来自社機に起こる筈がないとして、遮断装
置の装備を見送ったのである。

　しかし、1974 年のトルコ航空 DC-10 事故（3 章 11 節参照）では、
設計の瑕疵ばかりでなく、整備作業のミスを含む様々なミスが重なっ
て減圧による構造破壊が起こり、操縦機能が喪失されて墜落に至って
いる。また、1979 年のアメリカン航空の DC-10 事故（5 章 15 節本稿
参照）においては、不適切な整備作業によりパイロンに疲労亀裂が生
じ、エンジンが脱落して主翼前縁にあった油圧配管と電気配線が損傷

したことが墜落の原因となっていた。

　このようなDC-10の事故を経験してきたマクダネル・ダグラス社が、全油圧機能喪失による操縦不能を防止するために同業他社が採用していた安全措置の装備を見送り、再び多くの人命が失われる結果となったのである。

　なお、NTSBの報告書は、事故後のDC-10の下記の改修については説明しているが、JAL123便事故後にボーイング社がHydro Fuseを装備したなど、他社が先行して同目的の安全装置を装備していた事実には言及していない。

　DC-10事故の約2か月後の1989年9月15日にマクダネル・ダグラス社は、DC-10の尾部に大破壊が発生して3つの油圧系統全てが損傷した場合においても操縦機能を確保するための設計改善を発表した。その内容は、第3油圧系統が残れば一定の縦と横の操縦性は確保できるので、第3油圧系統を確保することとし、(1) 第3油圧系統のサプライ・ラインに電気的に作動するシャットオフ・バルブ、リターン・ラインにチェック・バルブ、(2) 第3貯油槽にセンサー・スイッチ、(3) 操縦室にシャットオフ・バルブ作動警報灯、をそれぞれ装備する、というものであった。

　これによって、第3油圧系統の貯槽の油量が一定レベル以下に低下

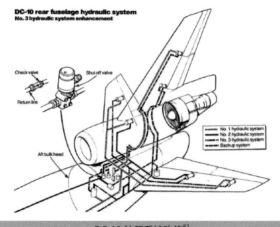

DC-10 油圧系統改修[82]

すれば、サプライ・ラインのシャットオフ・バルブが作動して作動油の流失を食い止めるとともに、乗員に作動油流失が警報されることになり、この措置は FAA AD 90-13-07 によって義務化された。同 AD では、シャットオフ・バルブの代わりに、作動油の流量が一定（15gallons/min）以上になった場合に流失を食い止める Hydro Fuse を装備するオプションも暫定措置として認められたが、Hydro Fuse では流失速度が小さな場合には作動油の流失を止めることができないので、一定の経過期間の後には シャットオフ・バルブを装備することが求められている。

　なお、このような安全装置を油圧系統に装備することは、AD により大型旅客機の一部の型式について義務化されたものの、全型式機に義務化するための設計基準の改正は行われておらず、新たに開発される旅客機にこれらのものを装備するか否かは、現在も航空機メーカーの判断に委ねられたままである。

参考文献（番号は、1章からの一連番号）

70. NTSB, Aircraft Accident Report: NTSB/AAR-90/06, (1990)
71. FAA, Lessons Learned From Transport Airplane Accidents - United DC-10 at Sioux City, (2010)
72. NTSB, Aircraft Accident Report: NTSB-AAR-79-7, (1979)
73. Helmreich, R. L. et al., The Evolution of Crew Resource Management in Commercial Aviation, (1999)
74. FAA, AC 120-51E: Crew Resource Management Training, (2004)
75. Haynes, Al, The Crash of United Flight 232 (Transcript of Speech at NASA Ames Research Center), (1991)
76. FAA, AC 33-15-1: Manufacturing Process of Premium Quality Titanium Alloy Rotating Engine Components, (1998)
77. Shamblen, C. E. and Woodfield, A. P., Progress in Titanium -Alloy Hearth Melting, (2002)
78. NTSB, Aircraft Accident Report: NTSB/AAR-98/01, (1998)
79. FAA, AC 33.14-1: Damage Tolerance for High Energy Turbine Engine Rotors, (2001)
80. FAA, Docket No. FAA-2006-23742; Amendment No. 33-22, (2007)
81. FAA, AC 20-128A: Design Considerations for Minimizing Hazards Caused by Uncontained Turbine Engine and Auxiliary Power Unit Rotor Failure, (1997)
82. Flight International, 30 September 1989, p22

航空機構造破壊
第10章

1992年10月4日、イスラエルのエルアル航空の貨物機B747Fがオランダのスキポール空港を出発して上昇飛行中、突然、第3エンジンが主翼から分離して隣接する第4エンジンに衝突し、両エンジンとも機体から脱落した。エルアル機は空港に戻ろうとしたが操縦不能となり、墜落して11階建て集合住宅に激突した。B747が市街地に墜落して地上に多数の犠牲者が生じたことは全世界に大きな衝撃を与えた。この事故の約10ヵ月前に台湾で墜落した中華航空貨物機B747Fも第3エンジンが第4エンジンに衝突して両エンジンが脱落しており、B747のエンジン取付け設計のあり方が大きな問題となった。

22 B747 エンジン脱落事故（1991～92年）

エルアル機墜落事故[83]

1992年10月4日、イスラエルのエルアル航空貨物機B747Fは、オランダのスキポール空港を17時20分（UTC）に離陸して上昇飛行中、17時27分30秒に高度約6,500ftで右主翼内側の第3エンジンがパイロン（ストラット）とともに機体から分離し、右主翼前縁に損傷を与えた後に右主翼外側の第4エンジンに衝突し、第4エンジンとそのパイロンも機体から分離した。

エルアル機はスキポール国際空港に戻ることを決断し、管制官は同機を空港までレーダー誘導しようとしたが、滑走路にそのまま直線進入するには高度が高過ぎたので、管制官は同機に右旋回によって高度を下げることを指示した。

B747は、片翼の両エンジンの推力が失われても、速度が大きければ方向舵と補助翼を使って飛行を継続できる。しかし、速度が低下す

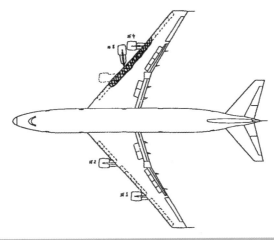

第3エンジンが第4エンジンに衝突する推定図[83]

ると舵面の効きが低下して非対称推力を補正しきれなくなるので、作動エンジンの推力を下げる必要がある。また、右主翼は、エンジン脱落時に前縁フラップを含む前縁部に大きな損傷を受けたため、揚力が低下するとともに失速しやすくなっていた。加えて、4つある油圧系統のうち2系統が不作動となって操縦機能が低下していた。

エルアル機は、旋回しながら降下したが、最終進入に備えて降下率を抑えようと機体姿勢角を増加させた時に速度が低下し、左の2基のエンジンの推力を上げた。この時点で、揚力と推力のアンバランスなどによる右へのロール・モーメントが、低下した操縦機能では対処しきれないものとなった。

エルアル機は、17時35分42秒、機体姿勢が右に90°以上ロールし、約70°頭下げで、空港から約13km東にある11階建て集合住宅に激突した。この墜落により搭乗者4名と地上の43名が死亡した。

エルアル機は、4基のJT9D-7Jエンジンを装備した1979年製造のB747-258Fで、事故当時の飛行時間は45,746hr、飛行回数は10,107cycleであった。

激突された集合住宅（激突方向から撮影）[83]

中華航空機墜落事故

　エルアル機事故の約 10 ヵ月前の 1991 年 12 月 29 日、中華航空貨物機 B747-200F は、アンカレッジに向かって台北中正国際空港を離陸したが、その約 5 分後、高度約 5,000ft を上昇中、管制にエンジン故障を連絡して空港に引き返そうとしたが、途中で操縦不能となって墜落し、搭乗者 5 名全員が死亡した。中華航空機の事故当時の飛行時間は 45,868hr、飛行回数は 9,094cycle であった。

　中華航空機の機体は陸上に墜落したものの、第 3、第 4 エンジンとパイロンは海中に落下して回収に手間取ったことから、事故発生から暫くの間は事故発生状況がなかなか判明せず、当初は世界的に大きな関心は寄せられていなかった。しかし、エルアル機の事故調査が行われていた頃には、機体残骸の回収も進み、中華航空機事故においても、最初に第 3 エンジンが主翼から分離して第 4 エンジンに衝突し、右翼の両エンジンが脱落して操縦不能となって墜落したことが明らかになり、両事故の発生状況が酷似していることに注目が集まった。

　当時、B747 の就航以来トラブル続きであったエンジン・パイロンのヒューズ・ピンが両事故に何らかの関係があるのではないかと多くの関係者が疑ったが[84]、過去のエンジン脱落にはヒューズ・ピンの破壊ではなくヒューズ・ピンが取り付けられている耳金の破断によるものもあり、最初の破壊箇所まで同じであるか否かは明らかではなかった。

ヒューズ・ピン

　ヒューズ・ピンは、過大電流が流れた場合に溶融して機器を保護する電気ヒューズと同様に、過大な荷重が加わった場合に破断して重要構造等を保護するように設計された取付け金具である。エンジン・パイロンのヒューズ・ピンは、胴体着陸時にエンジンが主翼の燃料タンクに激突して火災が発生することなどを防止するため、過大な荷重を受けた時に最初に破断し、エンジンを主翼から安全に分離するように設計されている。

　エンジン・パイロン以外のヒューズ・ピンとしては、脚（Landing Gear）に取り付けられているものがある。下図は、主脚に過大な後ろ向きの荷重が加わった場合に主脚取付け部のヒューズ・ピンが破断し、燃料タンクを損傷しないように主脚が分離される過程を示している。

　B747のエンジンは、前方と後方でパイロンに取り付けられている。B747のパイロンは、3つの隔壁によって構成される2つのトルク・ボックス構造となっており、エンジンが取り付けられたパイロンは、2本の支柱（upper link と diagonal brace）、2つの金具（mid spar fitting）、金具の1つに付けられた支柱（side brace）によって5箇所で主翼に取り付けられている。

　B747のエンジン・パイロンのヒューズ・ピンは、これらの支柱の端部と金具に取り付けられている。ヒューズ・ピンは、前述のように、過大な荷重が加えられた場合に破断してエンジンを安全に分離させる筈であった。

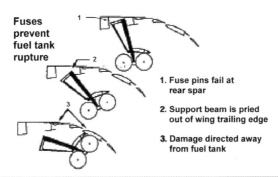

主脚のヒューズ・ピンの働き[85]

しかし、エルアル機の残骸から発見された第3エンジン・パイロンの取付け部の損傷状況、飛行記録などを基に解析した結果、次頁の下図のように、パイロンの内側（Inboard）ミッド・スパー・フィッティングのヒューズ・ピンから破壊が始まり、第3エンジンは、想定されていたようには分離せず、右に隣接する第4エンジンに衝突したものと推定された。

なお、第3エンジンの内側ミッド・スパー・フィッティングのヒューズ・ピンは最後まで発見されなかったが、回収された外側（Outboard）ミッド・スパー・フィッティングのヒューズ・ピン（中央部のみ）の筒状内面に機械加工痕から発生した疲労亀裂が発見されており、事故報告書は、第3エンジン分離の発端となった内側ヒューズ・ピンの破壊は疲労亀裂によるものと推定している。

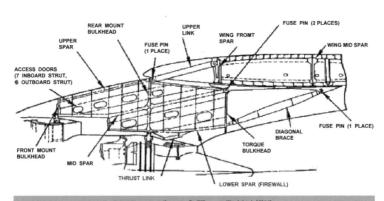

B747 エンジンの主翼への取付け構造

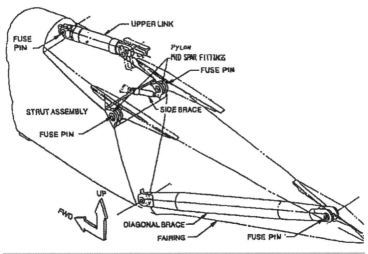

パイロンのヒューズ・ピン取付け位置[83]

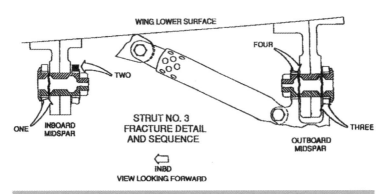

第3エンジン分離のシーケンス（ONE → FOUR）[83]

ヒューズ・ピンのトラブル

　ヒューズ・ピンは、安全性を向上させる目的で開発されたものであったが、B747 の運航開始後、トラブルの続発に見舞われた。最初に開発された 4330M 鋼の第 1 世代ヒューズ・ピンの中空断面が複雑な形状をしているのは、あらかじめ決められたポイントで破断するように設計されたためであったが、この複雑な断面を作る過程で機械加工痕が生じてしまった。1970 年代後半からこの内面の機械加工痕からの疲労亀裂発生が報告されるようになり、1979 年に米国連邦航空局 FAA から AD（Airworthiness Directive）が発行され、繰り返し検査と防食剤塗布が第 1 世代ヒューズ・ピンに義務付けられた。

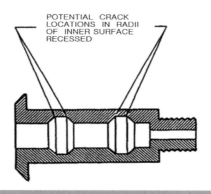

第 1 世代ヒューズ・ピン[86]

　1981 年に筒の内径が中間でくびれた第 2 世代のヒューズ・ピンが開発され、第 1 世代のピンを第 2 世代のピンに交換することによって、繰り返し検査と防食剤塗布が免除された。しかし、エルアル機には第 1 世代のピンが装備されたままであり、AD の適用が継続されていた。
　1986 年には超音波による新しい検査が AD によって第 1 世代ヒューズ・ピンに義務付けられ、エルアル機第 3 エンジンのミッド・スパー・ヒューズ・ピンに対してこの検査が最後に行われたのは、事故の約 4 カ月前（飛行回数では 257cycle 前）の 1992 年 6 月 17 日であった。事故報告書は、前述した<u>外側</u>ミッド・スパー・フィッティング・ヒューズ・ピンの疲労亀裂がこの検査によって発見可能であったか否かにつ

いては明らかにできなかったとしている。

　一方、中華航空貨物機のヒューズ・ピンは第2世代のピンであった。しかし、この第2世代のピンにも1988年に亀裂が発生したことが報告され、1991年5月28日に新たなADが発行され、このADの発効日から12,000飛行時間内に第2世代のピンの検査（one time inspection）を実施することが求められた。しかし、同年12月29日、中華航空機が墜落した。

　中華航空機事故後、ボーイング社とFAAはヒューズ・ピンの不具合事例の調査を継続していたが、事故から約9箇月が経った1992年9月11日、アルゼンチンの航空会社のB747-200が離陸する直前、第3エンジンが前方に傾いていることに整備士が気付いた。点検の結果、外側ミッド・スパー・ヒューズ・ピンが破損していることが判明した。

　ここに至り、FAAは、第2世代のピンに対する新たなADの発行を真剣に考えるようになり、9月下旬にシアトルにB747を運航している主要な航空会社を集めてAD案を説明した。AD案の主な内容は、第2世代のピンに亀裂の有無を調べる検査を早期に実施することを求めるもので、装備機数が比較的少数となっていた第1世代のピンに対する追加措置は含まれていなかった。AD案の提示を受けた航空会社は、事態がそこまで緊急ではないと考えたためか、B747の運航に与える影響が大きいので検査実施時期を遅らせるべきと主張したが、それでも新たなADを10月中に発行する準備が進められた[84]。

　しかし、その発行直前の10月4日に第1世代のピンを装備したエルアル機が墜落した。ボーイング社は、事故後直ちにヒューズ・ピンが原因である可能性に気付き、事故翌日の10月5日にミッド・スパー・ヒューズ・ピンの検査を指示する緊急SB（Alert Service Bulletin）を発行した（ただし、エルアル機のヒューズ・ピンが第1世代であることを把握していなかったためか、検査対象は第2世代のピンであった）[87]。そして、エルアル機事故の約1月後、FAAは、改めて新たなADを発行し、30日以内に第1世代のピンを第2世代のピンに交換することを求めるとともに、交換された第2世代のピンの早期の検査も義務付けた[88]。

ヒューズ・ピンの設計

B747 の型式証明は 1965 年の設計基準に従って行われており、疲労強度に関してはフェール・セーフ基準（4 章 12 節参照）が適用されていた。型式証明において、ボーイング社は、B707 の経験に基づき、パイロンに過大な荷重が加えられてもヒューズ・ピンによって主翼構造と燃料タンクが保護されるとしていた。しかし、事故報告書は、ボーイング社が行ったパイロンの疲労強度解析は、結果的には信頼性が十分ではないものであったと批判している。

当時の米国の型式証明基準が全機疲労試験を要求していないことから（全機疲労試験義務化については 8 章 18 節参照）、ボーイング社はパイロンの強度、フェール・セーフ性を検証するための構造試験を実施せず、FAA も「707 のパイロンの信頼性は証明されており、従って、ほとんど同じ設計の 747 のパイロンも信頼性がある。」とのボーイング社の主張を受け容れた、と事故報告書は指摘している。〔この指摘は、1977 年のダンエアの B707-300 水平尾翼破壊事故の一因が開発時に水平尾翼の疲労試験を実施しなかったことであったこと（4 章 13 節参照）を思い起こさせる。〕

エンジン脱落シナリオ

ボーイング社のヒューズ・ピンの設計思想は、1960 年代までは、胴体着陸時などに地上でエンジンを切り離すのみではなく、乱気流などを受け飛行中に過大な荷重が加わった時などに空中でエンジンを切り離すことも目的としていた。ボーイング社の最初のジェット旅客機である 707/720 から 727、737-100/200、747 までがこの思想でヒューズ・ピンが設計されていた。

ボーイング社のこの設計思想は、過大な荷重が加わってヒューズ・ピンが破断してエンジンが主翼から切り離された後に、エンジンは、上方に回転して主翼上を乗り越えるか、または落下し、主翼構造に大きな損傷を与えることなく安全に機体から離れていくとの想定に基づいていた。ボーイング社は、自社の初めての 4 発ジェット機である 707/720 ではエンジンがこのように安全に脱落した多くの実例があった[86] ことから、次に開発した 4 発ジェット機である 747 にこの設計思

想を適用しても間違いはないと考えていたのではないかと思われる。

しかし、エルアル機や中華航空機のB747ばかりでなく、B707の貨物型機も1992年にフランスで内側ミッド・スパー・フィッティングの耳金の疲労により第3エンジンが分離して第4エンジンに衝突するという両エンジン脱落事故を発生している。これらの事故後、ボーイング社は、パイロンに過大な荷重がかかった場合には、飛行中であっても、ヒューズ・ピン破断によりエンジンを分離させるというピストン機以来の設計思想を放棄することを決断した。

ボーイング社はピンを34,000以上の要素に分割して計算する有限要素法[注]による解析を行ったが、その結果、第1、第2世代のヒューズ・ピンには設計時の想定より8～10倍も大きな応力が生じる微小領域があることが判明した[89, 90]。

注：構造力学や流体力学などで用いられる偏微分方程式の厳密解を求めることは一般には困難であることから、解析対象の構造体、流体等を微小な領域（要素）に分割して数値的に近似解を求める解析法。

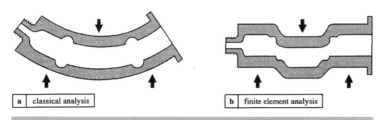

古典曲げ解析と有限要素法解析の結果比較[90]

ボーイング社は、1993年、内面を直線状に改め、材質をステンレス・スチールにして肉厚をやや増やし、空中では破断しないように強度を上げた第3世代ヒューズ・ピンを開発するとともに、万一ピンが破断してもパイロンを支持する金具を追加する設計変更を行うことを公表した[91]。この設計変更により、B747のパイロン・ヒューズ・ピンは、胴体着陸時等に地上でのみエンジンとパイロンを切り離すために破断するものとなった。

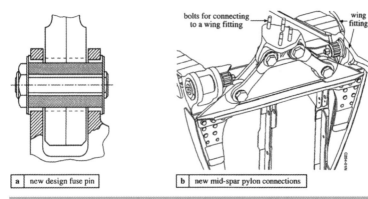

第3世代ヒューズ・ピンと支持金具の追加[90]

　また、初期のヒューズ・ピンは、強度要件のみを満足させようとして製造工程上の課題を軽視し、形状を複雑にした設計であった。ヒューズ・ピンの疲労の起点となった機械加工痕はこのために生じたものであった。最後に開発された第3世代では、内面が直線状となって機械加工が単純化され、応力レベルも引き下げられたことから、疲労が生じにくく検査の実施も容易となった。
　なお、ボーイング社が747以降に開発した757、767、737-300〜、777では、既に、ヒューズ・ピンが働くのは地上のみで、空中ではエンジンは分離されないような設計となっていた[91]。ボーイング社の設計思想のこの変化は1970年代のことであるが、エアバス社に関して

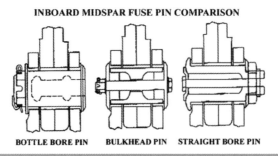

ヒューズ・ピンの変遷（左から、第1〜3世代）[86]

は、ジェット旅客機の製造に遅れて参入したためか、そもそもエンジン取付けのヒューズ・ピンというものがなく、胴体着陸時でもエンジンを切り離すという設計思想がない。ボーイング社も 757/767 の開発時にエアバス社のようにエンジン取付けヒューズ・ピンを廃止することを検討したが、着陸時の危険性を考慮して地上でのエンジン切り離しのためにヒューズ・ピンを維持することに決定したと言われている[92]。

中華航空機事故等の原因

　中華航空貨物機の事故報告書は 1996 年に公表されたが、同報告書によれば、中華航空貨物機は、エルアル機と同様に、第 3 エンジンの脱落はパイロンの内側ミッド・スパー・フィッテッングの破壊から始まったが、疲労損傷が発生していたのはヒューズ・ピンではなく、ピンが差し込まれる耳金であった[93]。これは、1992 年 3 月 31 日に発生した B707 の第 3、4 エンジン脱落事故と同じ原因である[83, 94]。なお、この B707 は緊急着陸に成功し、5 名の搭乗者全員が生還している[94]。

　これらの事故からも、ボーイング社が想定していたヒューズ・ピンによる空中での安全なエンジンとパイロンの分離というシナリオには信頼性がなかったことが示されている。

　なお、B747 のエンジン脱落事故のうち、1993 年にアラスカで

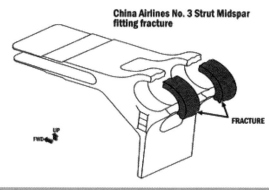

中華航空機事故原因の耳金部の破壊[86]

緊急着陸したB707[94]

成田空港着陸後のノースウエスト機[95]

JAL46E便（米国エバーグリーン社の機材、乗員による運航便）の第2エンジンが脱落した原因は、乱気流による過荷重であり[95]、1994年に成田空港着陸時にノースウエスト18便の第1エンジンが垂れ下がった原因は、整備作業時にヒューズ・ピンの1つにリテーナ（留め具）を再取り付けしなかったことによりエンジン支持構造の一部が外れて他のピンに過大な荷重が加わり破断したことである[96]。

参考文献（番号は、1章からの一連番号）
83. Netherlands Aviation Safety Board, Aircraft Accident Report 92-11, EL AL Flight 1862 Boeing 747-258F 4X-AXG Bijlmermeer, Amsterdam, October 4, 1992,（1994）

84. Acohido, B., Engine Enigma -Boeing Seeks Answers to Corroded Fuse Pins and Loose Engines, Seattle Times 27/12/1992

85. Goranson, U. G., Structural Airworthiness of Aging Jet Transports, (1989)

86. FAA, Lessons Learned From Transport Airplane Accidents- El Al 1862 at Amsterdam, Netherlands, (2011)

87. Boeing Commercial Airplane Group, Alert Service Bulletin 747-54A2150 dated October 5, 1992

88. FAA, Telegraphic AD 92-24-51, (1992)

89. Flight International, 21-27 April, 1993, p13

90. Wanhill, R.J.H. and Oldersma, A., NLR TP 96719: Fatigue and Fracture in an Aircraft Engine Pylon, (1997)

91. Flight International, 30 June - 6 July, 1993, p22

92. Acohido, B., Airbus Avoided Use of Ill-Fated Fuse Pins-Engines Designed to Stay Attached to Jets' Wings during Emergencies , Seattle Times 09/01/1993

93. 中華民國民航局 , 中華航空公司] B747-200F B198 失事調查報告, （1996）

94. BEA, RAPPORT relatif à l'accident survenu le 31 mars 1992 au Boeing 707 immatriculé 5N-MAS (Nigéria) exploité par la Compagnie Trans-Air Limited, (1992)

95. NTSB, Aircraft Accident Report: NTSB/AAR-93/06, (1993)

96. 運輸省航空事故調査委員会, 航空事故調査報告書－ノースウェスト航空株式会社所属　ボーイング式 747-251B 型 N637US　新東京国際空港　平成 6 年（1994 年）3 月 1 日, （1996）

航空機構造破壊
第 11 章

　本章では、1996 年に JFK 空港を離陸して約 12 分後に空中爆発し、搭乗者 230 名全員が死亡した TWA800 便の事故について解説する。本稿は、ジェット旅客機登場以来約 50 年間に発生した 20 件の主要な構造破壊事故の概要とそれらの再発防止策について解説するものである。TWA800 便の事故原因は構造破壊ではなく燃料タンク爆発であるが、1 章でご説明したように、この事故は、それまで構造関係に集中していた経年化対策が電線等のシステム関係についても強化される契機となり、現在の旅客機の安全対策全般に大きな影響を与えていることから、本稿で解説することとした。

23 TWA 機空中爆発事故（1996 年）

事故発生状況 [97]

　1996 年 7 月 17 日、TWA800 便、B747-131 は、ニューヨーク JFK 空港を 20 時 19 分（米東部夏時間）に離陸して上昇飛行中、20 時 31 分に爆発が発生し、機体がほぼ 3 つに分断されて海上に墜落し、搭乗者 230 人全員が死亡した。事故直後にはテロ、ミサイル発射説などが流布されたが、NTSB は、事故機残骸を海中から回収して調査を行った結果、中央翼タンク内で気化燃料と空気が混合した可燃性気体が爆発したことを突き止めた。事故機は、1971 年 7 月に製造され、飛行時間 93,303 hr、飛行回数 16,869cycle の経年機であった。

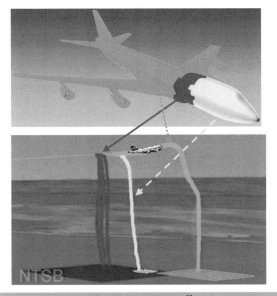

爆発後の機体墜落経路[97]
(最初の落下経路は機体中間部、次は機首、最後は機体後部)

回収された機体残骸(再組立後)(NTSB 資料)

中央翼タンク

B747-100 は、左右の主翼のそれぞれ 3 つの燃料タンクと中央翼タンク (Center Wing Tank) の計 7 つの燃料タンクを有している。TWA800 便はニューヨークからパリへの運航であり、必要燃料量は主翼タンクで十分まかなえた。中央翼タンクには、JFK では燃料は搭載されなかったが、TWA の記録によれば、約 300 LB (使用不能燃料量にほぼ相当)

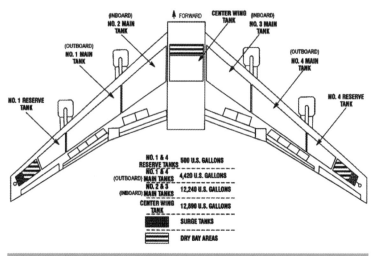

B747 の燃料タンク配置 [97]

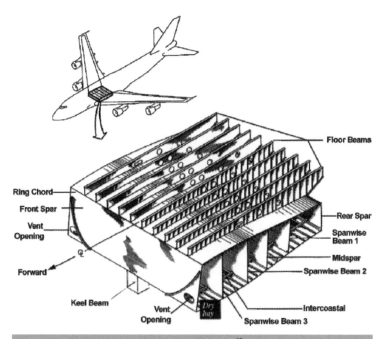

B747 の中央翼タンク [97]

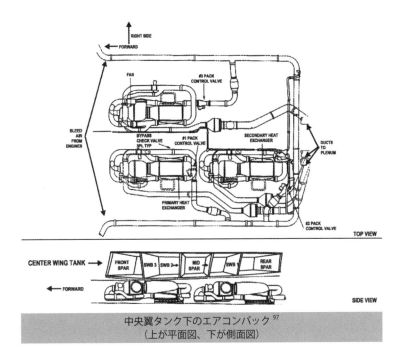

中央翼タンク下のエアコンパック[97]
（上が平面図、下が側面図）

が残されていた。

　夏場の高い外気温度に加えて、タンクの下に配置されていた 3 台のエアコンパックの 2 台が出発前に約 2 時間半作動して発熱したため、燃料が殆ど入っていない中央翼タンク内は高温となっていた。

気化燃料が着火する条件

　TWA800 便の中央翼タンク内には気化した残存燃料（Jet A[注]）と空気の混合気体が存在していた。この混合気体が事故当時の中央翼タンク内の条件で着火し得たか否かを確かめるため、NTSB は、気化したジェット燃料と空気の混合気体が燃焼する条件を調査した。

注：1960~70 年代の雷撃等による燃料タンク爆発事故を契機として、それまで広く使用されていた Jet B/JP-4 の民間機への使用は控えられるようになった。

気化燃料は、空気（酸素）との混合比が一定範囲にある時に点火されると燃焼する。燃料タンク内の空間部分（燃料で満たされていない隙間）が燃料（液体）と熱的平衡状態にある時、空間部分にある気化燃料の混合比は、温度と圧力で決定される。点火エネルギーが大きければ、燃焼が始まる混合比の範囲も大きくなるので、その混合比に相当する温度と圧力の範囲も大きくなる。一方、エネルギーが小さければその範囲も小さくなる。

　下図は、点火エネルギーが 0.3mJ（ミリ・ジュール）から 20,000mJ（20J）までの場合に、燃焼が可能となる気化燃料（Jet A）と空気の混合気体の温度と圧力（圧力高度）の範囲を示している。混合気体は、濃過ぎても薄過ぎても（気化燃料の比率が多過ぎても少な過ぎても）、着火しない。曲線の右側が濃過ぎて着火しない領域、左側が薄過ぎて着火しない領域である。

　この図は、中央翼タンク内の状態（横矢印）は一定以上の点火エネルギーが存在すれば燃焼可能であったことを示している。

　では、中央翼タンク以外の燃料タンク内も運航中に可燃状態になり得るのであろうか。

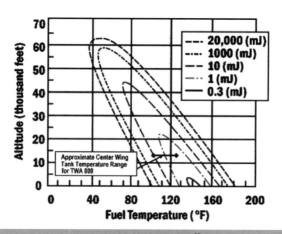

Jet A 混合気体の可燃範囲[98]

下図は、点火エネルギーが非常に大きい（20 ジュール）場合、B747 が離陸してから着陸するまでにタンク内混合気体がどれぐらい燃焼可能な状態に陥るかについて、中央翼タンクと主翼タンクとを比較したものである。図中の実線の縦の変化は、燃料タンク内空間の圧力高度が、飛行の経過（離陸、上昇、巡航、降下、着陸）とともに、地上 0ft ～巡航高度～ 0ft となることを示している。右側の実線は中央翼タンク、左の実線は主翼タンクであるが、ここでは、TWA800 便のように、主翼タンクには相当量の燃料が搭載され、中央翼タンク内には燃料が殆どない場合が示されている。この場合、中央翼タンク内は、エアコンパックの加熱により、主翼タンク内より相当温度が高くなる。

　この図は、大きなエネルギーの発火源がある場合にも主翼タンク内は運航中ほとんど可燃範囲の外にあるのに対して、中央翼タンク内は運航中の大半の時間帯で可燃範囲にあることを示している。

　事故後に行われた調査によれば、主翼タンク内空間が可燃状態にある時間の比率は 5％程度であるのに対して、エアコンパックのような熱源にさらされている中央翼タンク内空間では、可燃状態にある時間の比率は 30％に達するものと推計されている[100]。

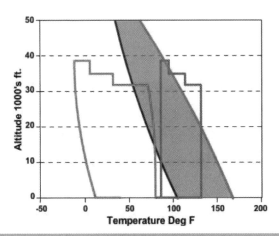

混合気体可燃範囲とタンク内状態変化[99]
（影：可燃範囲、左線：主翼タンク、右線：中央翼タンク）

発火源

　中央翼燃料タンク内の燃料と空気の混合気が着火し得る状態であったことは判明したが、具体的な発火源の特定は困難を極めた。NTSBは、雷撃、爆発物、静電気等の様々な発火源を検討したが、いずれもそれらの可能性は低いことが分かり、燃料油量計のショートの可能性が残された。中央翼燃料タンク内部の電気配線自体にはアーキングの証拠はなかったが(中央翼燃料タンク油量計系統電気配線全体のうち、

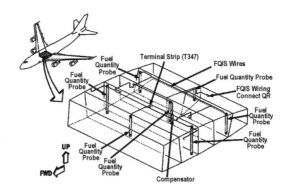

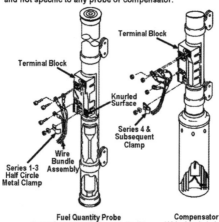

中央翼燃料タンク油量計[98]

回収されたのは約半分)、周囲の電気配線には、被覆が損傷し、アーキングの痕跡が残されているものがあった。

　事故機は製造後 25 年の経年機であったが、他の経年機を調査したところ、燃料油量計に腐食や堆積物があるものがあり、電気配線も経年劣化していた。

　事故機の燃料油量計にも、堆積物などによって、高い電圧が加わった場合にはアーキングを起こすような状態になっていたものがあったのではないかと疑われた。しかし、燃料油量計は、燃料タンクの安全性を考慮し、微弱な電圧で作動するように設定されていたので、堆積物があったとしてもアーキングを生じる筈はなかった。

他の経年機の劣化損傷した配線（NTSB 資料）

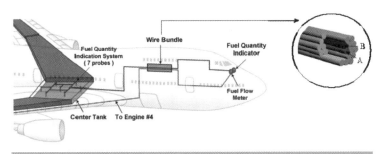

燃料流量計配線（A）と燃料油量計配線（B）[99]

ところが、もう1つの不具合が加わった可能性が見付け出された。NTSBは、爆発の約2分前に乗員が、燃料流量計の表示が異常だと発言していることに着目した。この異常表示は、燃料流量計の配線と燃料油量計の配線が一緒に束ねられている箇所で、被覆が劣化して破れ、配線同士が接触したことによって生じた可能性が考えられた。もしこのような配線同士の接触が起これば、燃料油量計の配線に過大な電圧が加わっても不思議ではなかった。

　このように燃料油量計の不具合と配線の不具合が併存していたら、過大な電圧によるアーキングが生じ得たのである。NTSBは、発火源を確実に特定することはできなかったが、中央翼燃料タンクの外側で発生したショートにより過大な電圧が燃料油量計の電気配線を通じて中央翼タンク内部に入ったことが発火源である可能性が最も高いと結論付けている。

見逃されてきた電気配線等の経年化

　燃料タンク内の気化燃料と空気（酸素）の混合気体は、発火源が存在すれば、着火して燃料タンクの爆発を引き起こす。従来の燃料タンク爆発防止策は、混合気体の存在を前提とした上で、発火源を完全に排除しようとするものであった。そのため、旅客機の開発に当たっては、燃料タンク内にあるものに対して徹底的な試験を行い、発火しないことを十分に確認していた。

　B747の燃料油量計についても、1960年代の開発時に2,000voltの電圧をかけてもアーキングが発生しないことを確認し、通常の作動電圧を微弱に設定していたことから、発火源にはなり得ない筈であった。しかし、事故後、30年間使用された燃料油量計を取り卸して調査したところ、燃料から析出した堆積物が付着し、比較的低い電圧でもアーキングを生じ得る状態であった。

　また、旅客機の各システムへの電気配線は束ねられて機内を通過しているが、経年機を調査したところ、配線束に被覆の損傷や絶縁の劣化が認められた。

　一方、それまでの旅客機の整備においては、電気配線の劣化を発見するための特別の検査は設定されておらず、機体の一定範囲を概観

チェックする Zonal Inspection の一環で配線も見ることにされている
のみであった。

燃料タンク爆発防止対策（2001）

　FAA は、事故調査結果を踏まえ、燃料タンク爆発を防止するため、
2001 年に特別連邦航空規則 88（SFAR 88）制定等の規則改正を行った
[101]。この規則改正により、航空機メーカー等は、製造のばらつきや経
年劣化を考慮しても、大型機の燃料タンクには発火源が生じないこと
を確認するとともに、その安全性を維持するために必要な検査や修復
作業などの整備措置を策定することとされ、航空会社等にはその整備
措置の実施が義務付けられた。

電気配線経年化対策（2007）

　FAA は、さらに 2007 年に電気配線の経年化等による事故の防止を
目的として、FAR25 の改正、FAR26 の新設等の規則改正を行った[102]。
　電気配線の機体への装備方法や整備方法については、それまでは、
メーカーや航空会社の判断に任せればよく、設計上の特別な基準は不
要であると考えられていた。
　しかし、TWA800 便事故の 2 年後に電気配線が原因と疑われる重大
事故が再び発生した。1998 年 9 月 2 日、スイス航空 MD-11 が空中火
災によって墜落し、搭乗者 229 人全員が死亡した。事故調査の結果、
発火源は特定されなかったが、機内娯楽機器の電気配線にアーキング
の痕跡が残されていた[103]。これら 2 件の重大事故の発生及び事故後の
調査によって明らかになった電気配線経年化の実態を踏まえ、FAR25
等に電気配線（EWIS[注]）に対する詳細な新基準が規定されることに
なった。
注：EWIS（Electrical Wiring Interconnection System）；システム間を接続する電気
　　配線及びその付属品を意味し、電子電気機器内の電線等は除かれる。

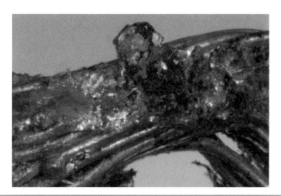

電気配線のアーキング痕跡（スイス航空 MD-11）[103]

　新基準で特に重きが置かれたのは、電気配線と他システムを物理的に分離すること、及び経年化による劣化や損傷を発見し、修復するための整備措置である。

　FAR25には各システムの分離・独立性についての規定はあるが、配線、配管等をどのように物理的に分離すべきかについては航空機メーカーの判断に委ねられていた。新基準は、電気配線が物理的に分離されなければならない対象として、他の電気配線、燃料配管、油圧配管等を具体的に規定した。また、長期間使用による電気配線の損傷、腐食、異物堆積等を適切に発見し、修復するために必要な整備措置を航空機メーカーが策定し、航空会社がそれを実施することが求められた。

　さらに、電気配線の設計に対して、整備作業時のアクセスの容易性、明瞭な表示、劣化損傷防止措置、耐火性、接地（Bonding）などに関する様々な要件が課せられた。また、電気配線に関する安全性解析を求める新たな規定も追加された。〔FAR 25にはシステム一般の安全性解析を求める規定（25.1309）があるが、電気配線に起因する重大事故が現に発生していることから、従来の安全性解析では電気配線が十分に考慮されていなかったとして、電気配線に関する安全性解析を求める規定（25.1709）が定められた。〕

　なお、この改正で新設されたFAR26は、原案ではFAR25の一部として提案されていたが、FAR25は設計基準（耐空性基準）のみを規定

すべきではないか等の意見があったため、新たな章として規定されることになった[注]。

注：航空機の型式証明においては申請時に有効な改正版の基準を適用することが原則となっているが、設計基準そのものではなく、この原則などの型式証明の手続き的規定は FAR21 に定められている。FAR26 には大型機の耐空性維持のために航空機メーカー等が行わなければならない事項が規定された。

燃料タンク爆発防止対策（2008）

FAA は、2001 年の規則改正後も燃料タンク爆発防止策の調査を継続し、タンク内空間の酸素濃度を一定以下にして着火しないように不活性化（Inert）するシステムの実用性を確認するため、B747、A320、B737 を用いて飛行実験を行った。NASA が協力した B747 の実験では、多数の微細な中空繊維を用いた気体分離装置（ASM：Air Separation Module）により窒素濃度を高め酸素濃度を下げて、中央翼タンク内空間の可燃性を低下させることに成功した。

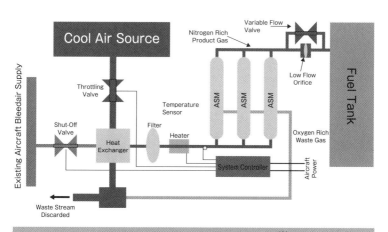

飛行実験に使用された不活性化システム[104]

FAA は、これらの実験の成果を踏まえ、2008 年に燃料タンク爆発防止対策をさらに強化する規則改正を行った[105]。

154 第11章

　改正規則は、米国航空会社等の一定の大型機の燃料タンクに対し、タンク内空間の可燃性が基準値内でなければならないことを規定し、そのままでは基準値内に入らないタンクについては、可燃性低減法（Flammability Reduction Means）又は爆発抑止法（Ignition Mitigation Means）を講じることを求めた。

　改正規則に適合するための一方の方法である可燃性低減法の代表的なものが不活性化[注]システムの装備である。同規則の施行によって、米国航空会社の数千機が、一定の猶予期間の後に、エアコンパック等の熱源が近くある胴体内タンク等に不活性化システムを装備することになるであろうと報じられた[106]。

　もう一方の改正規則適合方法である爆発抑止法の例としては、米軍機で使用実績のあるスポンジ状のポリウレタン防爆 Foam の燃料タンクへの充填がある。

注：新たに規定された FAR25 Appendix N では、高度 0 〜 10,000ft で酸素濃度が 12％以下であれば不活性とみなすとされている。高度 10,000ft 以上では酸素濃度上限値が漸増する。

安全性・信頼性解析

　TWA800 便の事故調査においては、安全性・信頼性解析のあり方も問題とされた。

　旅客機等の大型飛行機のシステム設計の信頼性の一般基準は、米国と欧州では、FAR25 と CS-25[注] の F 章「装備」の中の 25.1309 項（装備、システム、取付け）に規定されている[107]。

注：米国連邦航空規則第 25 章 FAR25 に相当する欧州基準が CS（Certification Specifications）-25 である。

　これらの基準の基本的考え方は、重大な故障状態の発生確率は極めて小さくしなければならないが、重大性が低く軽微なものの発生確率は比較的大きくてもよいとする、故障状態の許容発生確率を重大度と逆進関係にするというものである。

　次頁の表は、その基本的考え方に基づく CS-25 の故障状態の重大度と許容確率との関係である[注]。

注：米国基準 FAA AC 25.1309-1a は改正検討中であるが、改正原案（AC

25.1309-1b Draft）には CS-25 と同様の内容が記述されている。

　この表では、万一発生すればその影響は極めて甚大で飛行機が損壊して多数の死者が発生する事態に至るおそれがあり、破局的（Catastrophic）と分類される状態の許容発生確率は 10^{-9}/hr（10 億飛行時間に 1 回）のオーダー未満の極微（Extremely Improbable）でなければならないとする一方、飛行機の機能、安全性に殆ど影響を与えないような軽微な状態については比較的大きな発生確率が許容されている。

故障状態の分類	安全に影響なし	Minor	Major	Hazardous	Catastrophic
定性的許容確率	要求値なし	Probable	Remote	Extremely Remote	Extremely Improbable
定量的許容確率（/hr）	要求値なし	$< 10^{-3}$	$< 10^{-5}$	$< 10^{-7}$	$< 10^{-9}$
機体への影響	影響なし	機能、安全余裕がわずかに低下	機能、安全余裕がかなり低下	機能、安全余裕が大幅に低下	通常、機体喪失
乗客への影響	不便	不快	苦痛、負傷	少数の重傷、死亡	多数死亡
乗員への影響	影響なし	ワークロードがわずかに増加	不快、又はワークロードがかなり増加	苦痛、過大なワークロードが業務遂行能力を阻害	死亡、機能喪失

大型飛行機のシステム設計における故障状態の重大度と許容確率の関係（CS-25）

定性的確率表現	航空機運航中の発生頻度
Probable	1 機の全運航期間中に 1 回又は複数回発生すると予測される
Remote	1 機の全運航期間中では発生しそうにないが、その型式の多数機の全運航期間には数回発生し得る
Extremely Remote	1 機の全運航期間中では発生するとは予測されないが、その型式の全機の全運航期間には少数回発生し得る
Extremely Improbable	極めて発生しそうもなく、その型式の全機の全運航期間でも発生すると予測されない

故障状態の定性的確率表現の説明（CS-25）

156　第11章

　航空機のシステム設計において、この基準を適用して信頼性を解析しようとする場合に、比較的よく用いられる解析手法は、FMEA（Failure Mode and Effects Analysis）と FTA（Fault Tree Analysis）である。〔FMEA の代わりに FMECA（Failure Mode Effects and Criticality Analysis）もよく用いられる。〕

　FMEA は、解析対象のシステムの重要部品の考えられる全ての故障モードを洗い出し、その影響、対応措置、発見可能性等を評価するボトムアップ的解析手法である。FMEA は、FTA 構築のためのデータ・ソースとしても用いられる。

　FTA は、問題とする重要な故障状態を最上位に置き、それがどのようなサブシステムの故障によって発生し、そのサブシステムの故障はどのような条件で発生するかと、個々の部品の故障まで追及するトップダウン的な解析手法である。トップ事象の確率は、FTA のツリー状の体系図の構成が確定すれば、最下位事象の確率（部品の故障率等）から順次計算される。

ボーイング社の FTA

　FAR25.1309 に故障状態の重大度の確率的評価を求める項目が追加されたのは、B747 の型式証明発行後の 1970 年であったため、B747 の開発時には燃料タンクに対して FTA による定量的故障解析は行われなかった。ボーイング社は、TWA800 便事故の後に事故調査のため、中央燃料タンクの着火をトップ事象とする FTA を NTSB に提出した。その FTA 体系図の最下位事象には 167 の基本事象が挙げられ、それらの確率と Exposure Time（故障が発見されずに放置されている危険性のある時間）注の表も提出された。

注：故障の発生率を λ、Exposure Time を t とすれば、故障している確率は $1 - e^{-\lambda \cdot t}$ と計算される。

　中央燃料タンク着火の確率は、FTA 体系図では 8.45×10^{-11} とされ、Catastrophic な故障状態に対する 1970 年の FAA 基準を満足していたが、この FTA には次のような問題点があった。

・各事象の Exposure Time は、故障していないことが確認された最後

の検査からの経過時間とすべきであるが、重整備でしか検査されないものについても Exposure Time を 8 時間とするなど、短く見積もられていた。（TWA 機は、事故発生時、最後の C 点検から 2,000 時間以上、D 点検から 13,000 時間以上経過していた。）

・故障発生率についても、事故後に行われた経年機調査の結果等が示しているものより低く見積もられているものがあった。

・故障発生率や Exposure Time が図と表とで異なっている基本事象があり、表の値を体系図に入れて NTSB が再計算した着火の確率は 1.46×10^{-5} となり、基準値をオーバーした。

　NTSB からこの FTA の評価を依頼された NASA は、「精査に耐えず、現実的なものと見なすべきでない。」と酷評している[97]。なお、ボーイング社は、これらの初歩的とも言える誤りを犯したことについて、次のような弁明を行っている[108]。

"Boeing developed the TWA 800 FTA specifically to aid in the early stages of the accident investigation, not as a document to support certification of the airplane. The process used to develop this type of documentation for certification of systems and equipment is rigorous and thorough. This is not to say that the Boeing TWA 800 FTA was not rigorous or thorough. The focus was to support the accident investigation, and as such, it did not go through the iterative review process with the FAA normally associated with certification of a system, nor were the underlying FMEAs developed that normally would be the source of data to build the FTA."

安全性・信頼性解析の限界
　FTA、FMEA 等の解析手法は、重大な結果をもたらす可能性のある故障モードを洗い出し、事故のリスクを引き下げるために有用なツールである。しかし、過去には、事前の故障解析では発生を防止できなかった重大事故があった。そのような例として、NTSB は、1991 年と 1994 年に相次いで発生したラダー逆作動による B737 の 2 度の墜落事故、2000 年に発生した水平安定板ジャックスクリュー破損による MD-83 の墜落事故、航空分野以外で、1986 年のスペースシャトル・チャ

レンジャーの事故と 1979 年のスリーマイル島原子力発電所事故を挙げている。

これらの事故については事前の解析が有効に機能しなかった様々な理由が挙げられているが、故障解析を実施する上での一般的な問題点としてしばしば指摘されてきたことに、システムを構成する個々の部品の故障率のデータベースが不備であることと、システムを構成する個々の部品の Exposure Time が適正に見積もられないことがある。ボーイング社が提出した FTA もこれらの問題点を有するものであった。

FMEA や FTA は、故障が引き起こし得る潜在的リスクを特定し評価する総合的、体系的方法を提供するものであるが、これらの解析手法には上記のような問題点があり、また、できる限り正確を期し精緻な解析を構築しようとしても全ての故障モードを予測することは不可能であり一定の不正確さは避け難いことなどから、過度の信頼を置くべきではないと考えられる。

また、航空機の安全性・信頼性解析では、一般的に、整備作業や乗員の対応操作などは適正に行われると仮定しているが（ただし、機体構造検査で亀裂の発見確率（見落し確率）を亀裂長の関数として設定しているなど、作業、操作の誤り等を考慮している例もある）、実際の事故が発生した後、作業等が適正に行われなかったことが判明することがある。型式証明時の解析では、理想的な作業環境が暗黙に仮定される場合が多いが、現実の運航・整備の現場では、照明が十分ではない、検査部位が汚れているなど、作業環境が良好ではない場合もあり、机上の解析では発見できた筈の故障が現実には見落とされることがある。

安全性の前提条件の維持

その一方、設計時の安全性・信頼性解析において前提とされた条件が運用中に覆されることによって、航空機の安全性が脅かされることがある。そのような例として、設計時の FTA で想定されていた装備品等の検査間隔が、FTA の存在を知らない航空機使用者によって安易に延長され、その結果、設計基準で求められている安全性が確保されなくなるということがあった。そのような事態を防止するた

め、設計時に想定された検査間隔等が CMR（Certification Maintenance Requirement）として指定され、その変更には特別の承認が必要とされるようになっている。

また、FAR25 において安全性（耐空性）を維持するために必須な検査、交換作業等を義務付けている文書[注]には、従来から損傷許容性維持のための構造検査が規定されていたが、TWA800 便事故再発防止として設定された改善措置が維持継続されるように、燃料タンクと電気配線に関する事項が追加された。なお、2011 年 1 月 14 日より、同文書には、構造整備プログラムの基礎となっている技術データの有効性の限界についても規定されている[69]。

注：Airworthiness Limitations Section of Instructions for Continued Airworthiness

参考文献（番号は、1 章からの一連番号）

69. FAA, 14 CFR Parts 25, 26, 121, et al. - Aging Airplane　Program: Widespread Fatigue Damage; Final Rule,（2010）
97. NTSB, Aircraft Accident Report: NTSB/AAR-00/03,（2000）
98. FAA, Lessons Learned From Transport Airplane Accidents - TWA Flight 800, Boeing 747-100, N93119,（2011）
99. NASA, System Failure Case Studies - Fire in the Sky,（2011）
100. Aviation Rulemaking Advisory Committee, Fuel Tank Harmonization Working Group Final Report,（1998）
101. FAA, Transport Airplane Fuel Tank System Design Review, Flammability Reduction, and Maintenance and Inspection Requirements; Final Rule,（2001）
102. FAA, Enhanced Airworthiness Program for Airplane Systems/Fuel Tank Safety （EAPAS/FTS）; Final Rule,（2007）
103. Transportation Safety Board of Canada, Aviation Investigation Report - In-Flight Fire Leading to Collision with Water - Swissair Transport Limited, McDonnell Douglas MD-11 HB-IWF, Peggy's Cove, Nova Scotia 5 nm SW, 2 September 1998 - Report Number A98H0003,（2003）
104. FAA, Evaluation of Fuel Tank Flammability and the FAA Inerting System on the NASA 747 SCA,（2004）
105. FAA, Reduction of Fuel Tank Flammability in Transport Category Airplane; Final Rule,（2008）
106. Fiorino, F., FAA Issues Fuel Tank Final Rule, AW&ST July 22, 2008
107. EASA, Certification Specifications for Large Aeroplanes CS-25,（2010）
108. The Boeing Company, Submission to the National Transportation Safety Board for the TWA 800 Investigation,（2000）

航空機構造破壊
第12章

　2001年11月12日、アメリカン航空A300-600は、ニューヨークJFK空港を出発し上昇飛行中に垂直尾翼が機体から分離し、ニューヨーク郊外に墜落した。この事故により搭乗者260名全員と地上の5名が死亡した。垂直尾翼分離の原因は、副操縦士が先行機の後方乱気流による機体動揺にラダーを過剰に操作したため、制限荷重の約2倍の荷重が垂直尾翼に加わったことであった。この過剰操作は、副操縦士が受けた教育訓練、A300-600のラダー設計等に起因するものであった。事故後、教育訓練の改善、飛行規程の改正等の再発防止策が講じられ、2010年には、急速かつ大きな操舵を繰り返せば低速度でも構造破壊を引き起こし得るとの警告を飛行規程に記載することを求める基準改正が行われた。しかし、2008年1月10日、エアカナダA319の機長が先行機の後方乱気流による機体動揺にラダーを過剰操作し、垂直尾翼に設計荷重の約1.3倍の荷重が加わる事故が再び発生したため、NTSBは、2010年8月、横方向の操縦特性の安全性を確保する基準改正を行うよう再び勧告を行った。

24 A300-600 垂直尾翼空中分離（2001年）[109]

事故発生状況

　2001年11月12日、ニューヨークJFK空港において、アメリカン航空のA300-605R（A300-600系列の1型式）は、9時13分51秒（米東部標準時）に離陸滑走を開始し、9時14分29秒に滑走路から浮揚した。同機の前には、約1分40秒前に離陸したJALのB747-400が先行して飛行していた。

　A300-600は、離陸後間もなくJAL機の後方乱気流に遭遇した。9時

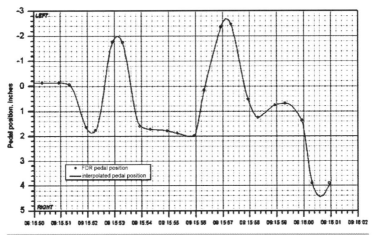

ラダー・ペダルの動き[109]

15分36秒に1回目の遭遇があり、同機を操縦していた副操縦士がコントロール・ホイールとラダー・ペダルを繰り返し操作し、同機のピッチ角は最大11.5度、バンク角は左に最大17度になったが、この時の機体の動揺は数秒間で収まった。しかし、その直後の9時15分51秒、高度約2,400ft、速度約240ktにおいて再びJAL機の後方乱気流に入り、副操縦士は激しくコントロール・ホイールとラダー・ペダルを操作した。

　副操縦士はラダー・ペダルを左右に繰り返し深く踏み込み、5回目の踏み込みを行った9時15分58.4秒、垂直尾翼の胴体への主取付け部材6個のうち右後方の1個が破断し、引き続いて、残りの5個も破断した。このため、垂直尾翼とラダーが後部胴体から分離し、機体はニューヨーク郊外の住宅地に墜落した。この事故により、同機の搭乗者260人全員と地上の5名が死亡した。

垂直尾翼の破断状況

　A300-600 の垂直尾翼とラダーは複合材料で作られている。垂直尾翼は 6 個の主取付け部材（Main Attachment Fitting）と 3 組の横荷重を受け持つ部材（Traverse Load Fitting）で後部胴体に取り付けられており、これらの部材も複合材（CFRP：Carbon Fiber Reinforced Plastics）で作られている。

　P.164 の上の写真は最初に破断した胴体取付け部の垂直尾翼側を示したものであり、下の写真はそれを拡大したものである。

　下の拡大写真の中で、白丸は最初に破断した右後方の取付け部材（Right Rear Main Attachment Lug）の孔部に差し込まれていたピン、矢印は荷重方向、①は最初の破壊領域側、②は 2 次的な破壊領域側を示している。

　P.165 の写真は、右後方の取付け部材が最初に破断した後、引き続いて破断した右中央の取付け部材（Right Center Main Attachment Lug）である。この部材では、結合部ではなく垂直尾翼側の構造が破断している。

分離落下した垂直尾翼の回収作業 [109]

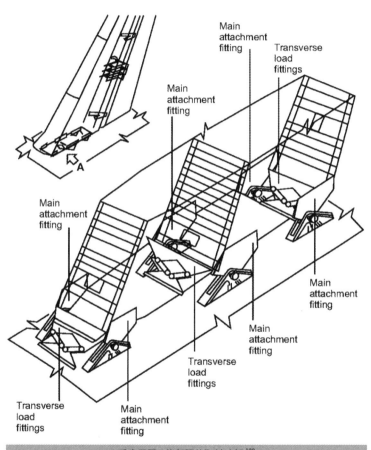

垂直尾翼 / 後部胴体取付け部 [109]

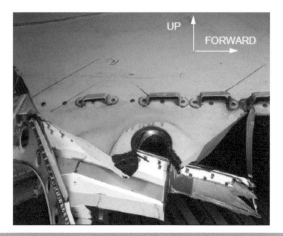

最初に破断した右後方取付け部（NTSB 資料）

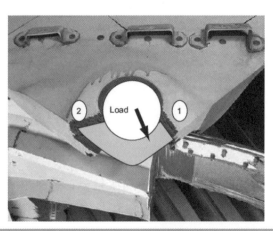

右後方取付け部の拡大写真[109]

右中央取付け部（NTSB資料）

垂直尾翼に加わった荷重

　破断部材が複合材であったことから、事故発生直後は、複合材に何らかの問題があるのではないかとの見方があった。しかし、調査が進み、垂直尾翼を胴体に取り付けている部材（Fitting）の破断は制限荷重の約2倍の荷重が垂直尾翼に加わったことによるものであり、その荷重は、後方乱気流ではなく、副操縦士のラダー操作により生じたものであることが明らかになった。

　次頁の図はラダー操作によって垂直尾翼取付け部（Root Chord）まわりに大きな曲げモーメント（Bending Moment）が生じたことを示しているが、垂直尾翼には、この曲げモーメントに加えて、捩りモーメント（Torsional Moment）も作用した。

　曲げモーメントと捩りモーメントが作用した結果、垂直尾翼取付け部には制限荷重の約2倍の荷重が加わり[注]、右後方取付け部が破断し、その直後に残りの取付け部も破断し、垂直尾翼とラダーが胴体から分離したものと推定された。

注：航空機の運用中に発生することが予想される最大荷重を制限荷重（Limit Load）、それに安全係数（通常は1.5）を乗じた荷重を終極荷重（Ultimate Load）という。航空機構造は、制限荷重には有害な恒久的変形を生じずに、

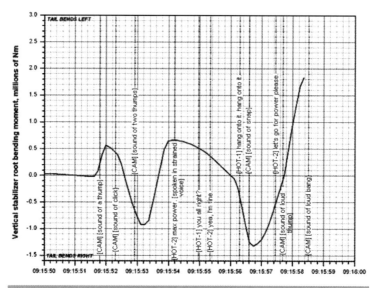

垂直尾翼に加わった曲げモーメント[109]

終極荷重には少なくとも 3 秒間は破壊せずに、耐えなければならないと規定されている。当該取付け部の制限荷重は 475kN（横突風を受けた場合、気温 20℃で計算）であるが、破断時の荷重はその約 2 倍の 925kN と推定された。

副操縦士の過剰操作を引き起こした要因

では、副操縦士はなぜこのような激しいラダー操作を行ったのであろうか。事故調査の結果、このような操作の背景には、副操縦士が受けた教育訓練、A300-600 のラダー設計等が関与していたことが判明した。

副操縦士は、異常姿勢からの回復操作訓練を含む特別訓練を受けていたが、そのシミュレーター訓練では機体が実際より大きく動揺するように模擬され、またラダー操作の有効性が過剰に強調されていた。この訓練が、副操縦士が後方乱気流に過敏に反応して過剰操作を行う一因となったのではないかと考えられている。

また、一般の操縦士の間では、低速飛行時のラダー操作特性は熟知

されているが、高速飛行時のラダー操作の特性と危険性については十分には理解されていないことや、設計運動速度 V_A 以下ではどんな操作を行っても機体構造を破壊するような荷重は生じないと誤って信じられていることが明らかとなった。このような不理解や誤解も副操縦士の過剰操作の背景にあったものと考えられている。

これらの教育訓練に関する要因に加え、同じ力でラダー・ペダルを踏んでも他の旅客機より大きな運動を引き起こして過大な荷重を生じやすい A300-600 のラダー設計も副操縦士の過剰操作に影響を与えていたものと推定された。

以下に、副操縦士の過剰操作に関与したと考えられる教育訓練の内容と A300-600 のラダー設計について説明する。

アップセット・リカバリー

副操縦士が受けていた特別訓練は、航空機が異常な姿勢に陥った場合などの制御困難な事態に対応するための訓練であったが、このような訓練が行われるきっかけとなったのは 1990 年代の B737 連続墜落事故であった。

1994 年 9 月 8 日、USAir の B737-300 は、ピッツバーグ国際空港に進入中、前を飛行していた B727 の後方乱気流に遭遇した後、制御不能となって墜落し、搭乗者 132 名全員が死亡した。NTSB は、ラダー駆動装置の故障により、操縦士の操作と逆方向にラダーが作動したことが事故原因[注]であると推定した[110]。(この事故調査の結果、それまで原因不明とされていた 1991 年 3 月 3 日に発生したユナイテッド航空の B737-200 の事故も同じ原因によるものとして、事故報告書が修正された[111]。)

注：ボーイング社と FAA は、推定には十分な根拠がないとして、NTSB が公表した事故原因に同意していない[112]。

この事故調査の過程で、ラダーが異常な作動をしても早期に適切な操作をすれば機体のコントロールを回復することが可能であることが判明し、ボーイング社とエアバス社は、航空会社からの協力も得て、1998 年に機体が異常な姿勢に陥った場合の回復操作の訓練方法（Airplane Upset Recovery Training Aid[注]）を開発した。

注：現在は第 2 改訂版 [113] が発行されており、全世界の航空会社の訓練に活用
　されている。

アメリカン航空の特別訓練プログラム（AAMP）

　一方、アメリカン航空は、世界の大型機事故について調査し、それ
らの事故の最大原因は制御不能（Loss of Control）であることに気付き、
制御不能に陥ることを防止するため、上記のメーカーの訓練方法開
発に先行して、1997 年に異常姿勢からの回復操作訓練を含む AAMP
（Advanced Aircraft Maneuvering Program）を開発した。しかし、その内
容には問題があった。

　アメリカン航空は、航空関係者に対する AAMP の説明会を開催し
たが、説明を受けた FAA、ボーイング社、エアバス社は、AAMP の
内容に懸念を抱き、連名でアメリカン航空にレターを送った。そのレ
ターは、AAMP では迎角が大きい場合のロール・コントロールにお
けるラダーの有効性が過剰に強調されているが、このような場合には
まずエルロンの使用を試みるべきであり、AAMP は操縦士にラダー
の使用について誤った認識を与えるおそれがあることなどを指摘し、
AAMP の内容の是正を求めるものであった [114]。

　しかし、アメリカン航空は、AAMP ではラダーのみを使用するこ
とを推奨してはおらず適切なラダー使用を教育していると反論し [115]、
FAA、メーカーの懸念に応えて一部の内容を修正したものの、事故前
にはラダー操作の過剰強調は完全には解消されず、大きなバンク角か
らの回復操作についてのシミュレーター訓練の内容などを改めたのは
事故後のことであった。

AAMP が副操縦士の操縦に及ぼした影響

　AAMP の座学訓練では、後方乱気流遭遇時の回復操作におけるロー
ル・コントロールにラダーを使用することが推奨されていた。また、
AAMP のシミュレーターによる後方乱気流遭遇訓練は、機体が大き
くロールするまで訓練生に知らせずに操縦機能を不作動にして機体を
過度にロールさせるなど（前記の連名レターでは、シミュレーターの
模擬範囲を超えて訓練が実施されていることも批判されている）、実

際とは異なる状況を作り出し、後方乱気流遭遇時の回復操作について誤った認識を与えるものであった。このことも、副操縦士が後方乱気流を過度に意識し、過剰な操作を行う一因となったのではないかと考えられている。

ラダー操作に関する理解不足

さらに、副操縦士の過剰操作の背景には、当時、高速度時のラダー操作について必ずしもよく理解されていなかったこともあった。

垂直尾翼の大きさは、離陸中にエンジンが突然停止しても方向の安定性を維持できるように設定されており、低速度でのラダー操作でも大きなヨーイング・モーメントを発生する能力を有している。このために一定以上の速度ではラダーの作動範囲が減少するように設定されているが、それでも、高速度で大きなラダー操作を行うと非常に大きなヨーイング・モーメントが発生して大きなサイド・スリップが生じ、さらに、時間遅れを伴って急激なロールをもたらす。時間遅れのあるロールの発生は、操縦士をあわてさせ、逆方向に過大な操作を行わせるおそれがある。

しかし、一般の操縦士の間では、離陸時のエンジン故障や横風時の離着陸など、低速におけるラダーによる方向制御は熟知されていたものの、高速におけるこのようなラダー操作の危険性については、当時、

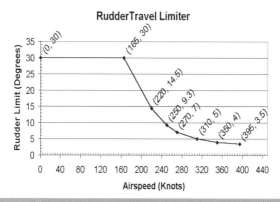

A300-600 ラダー作動範囲の制限（NTSB 資料）

必ずしも十分には理解されていなかった。

　また、操縦士の間では、設計運動速度 V_A 以下の速度であれば、ラダーをどのように操作しても設計荷重を超えることはないという誤った考えが流布していることも判明した。水平釣合飛行をしている時にラダーを単独で一回フルに操作した場合に生じる荷重（制限荷重）に航空機構造が耐えられなければならないと設計基準（FAR25.351）には規定されているが（V_A の定義は FAR25.335（c））、ラダーを繰り返し操作した場合や他の舵面を併せて操作した場合などは設計基準の想定外であり、それらの場合の強度は保証されていない。

　NTSB は、FAA が発行していたパイロット・ハンドブックの記述[注]や FAR25 の運用限界に関する規定の記述にもこのような誤解の一因があると指摘した。（FAR25 の記述については、再発防止策の項で後述するように、2010 年に改正されることとなる。）

注：FAA が発行している Airplane Flying Handbook には、V_A の定義として、
　「The maximum speed where full, abrupt control movement can be used without overstressing the airframe.」と記されている。

　さらに、A300-600 の操縦士に対して、次に述べる A300-600 のラダーの特徴が教育されていなかったことも副操縦士の過剰操作を招いた要因の一つであったと指摘されている。

A300-600 のラダー設計

　副操縦士の過大な操作には、前述した教育訓練ばかりではなく、次のような A300-600 のラダー設計も関与していた。

　A300-600 のラダー・コントロールは、ペダルの操作がケーブルを通じて油圧アクチュエーターを作動させて舵面を駆動するという旅客機に一般的なものである。ペダルには、操縦士にフィードバックを与えるためのペダル位置に応じた人工的反力が与えられ、また、誤って動かないように、動き始める最小力（Breakout Force）が 22LB に設定されていた。

　A300-600 のラダー・コントロール・システムは、先行して開発された A300B2/B4 のシステムを基に設計されたが、それからの変更点が 2 つあった。その 1 つは、ラダー・ペダルの操作力の軽減である。

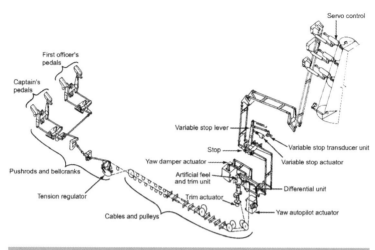

A300-600 のラダー・コントロール・システム[109]

精密なロール・コントロールを行うため操縦輪の操作力が減らされ、それとの釣合いからラダー・ペダルの操作力が減らされた。もう1つは、高速度時のラダー作動量を縮小するための機構の変更である。A300B2/B4 では、ペダルの移動量に対するラダーの作動量を速度に応じて変更する方式をとっていたが、A300-600 では、機構簡素化のため、ペダル移動量とラダー作動量の比率は変えずにラダー作動範囲を制限する方式[注]を採用した。

注：ラダーの作動範囲を制限する機構は、機速の変化が約 2.4kt/sec 以下の場合に設定された制限値を維持できるものであったが、事故時の機速の変化は 10kt/sec に達したため、機速変化に追随できなかった。このため、事故時、約 20 秒間、ラダーが設定された制限を超えて作動した。NTSB は当該機構の改善を勧告した。

　これらの変更の結果、同じ力でペダルを踏んだ場合、A300-600 は A300B2/B4 より大きな機体運動を生じることとなった。NTSB は、ラダー操作の感度の指標を、（機速の自乗）×（ラダー舵角）÷（ペダル操作力（Breakout Force を上回る分））で表したが、これは、近似的に、（Breakout Force を上回る）ペダル操作力当たりの垂直尾翼の発生空気力に比例し、同じ力でペダルを踏んだ時にどれぐらいの横方向の力が

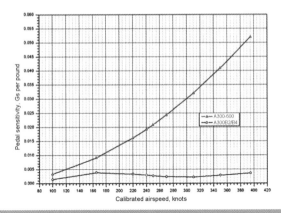

A300-600 と A300B2/B4 のラダー感度比較[109]

生じるかの指標となっている。

　上の図は、この指標を A300-600 と A300B2/B4 について算定したものである。A300B2/B4 では、ペダル操作力当たりの発生空気力は機速によってあまり変わらないのに対し、A300-600 では、同じペダル操作力でも 250kt 時の発生空気力は 165kt 時の約 2 倍に達していることが示されている。また、下の表は、ペダルの操作力・移動量とラダー作動量を比較したものであるが、これからも、250kt において A300-600 は低いペダル踏込み力で大きな機体運動を生じることが分かる。

航空機型式	135kt ペダル操作力 (LB)	135kt ペダル移動量 (in)	135kt ラダー作動量 (in)	250kt ペダル操作力 (LB)	250kt ペダル移動量 (in)	250kt ラダー作動量 (in)
A300B2/B4	125.0	4.0	30.0	125.0	4.0	9.3
A300-600	65.0	4.0	30.0	32.0	1.2	9.3
A320	80.0	4.0	30.0	36.0	1.1	8.3
B737	70.0	2.8	18.0	50.0	1.0	4.0
B767	80.0	3.6	26.0	80.0	3.6	8.0
B777	60.0	2.9	27.0	60.0	2.9	9.0

ラダー・ペダル操作力/移動量とラダー作動量の比較（NTSB 報告書データから作成）

NTSB は、このような A300-600 のラダー設計の内容が操縦士に周知
されていなかったことも副操縦士の過剰操作に関与したものとしてい
る。

再発防止策

NTSB は、設計運動速度以下でも大きな操舵を繰り返すことは危険
であることを操縦士に周知すること、異常姿勢からの回復操作訓練が
危険な逆効果をもたらさないように訓練作成指針を作成すること、ラ
ダー・ペダル感度（Sensitivity）を制限するなどにより安全な横方向の
操縦特性が確保されるように FAR25 を改正し既存機についてもこの
新基準で安全性を再評価することなどを FAA に勧告した。

大きな操舵を繰り返すことの危険性については、まず A300-600 等
の操縦士に周知が行われ、同型式機等の飛行規程に警告文が入れられ
た。さらに、2010 年 10 月には、FAR25.1583(a)(3) が改正され、今後
型式証明を受ける大型機の飛行規程の運用限界には、「急速かつ大き
な操舵を繰り返して行えば、運動速度[注]未満の速度であっても、構造
破壊を引き起こし得る」ことなどを規定しなければならないことが定
められた[117]。

しかしながら、ラダー・ペダル感度（Sensitivity）を制限するなどの
安全な横方向の操縦特性を確保するための基準改正については、FAA
はまだ検討中であり、この点についての FAR25 の改正は行われてい
ない。

注：FAR25 には、2 種類の運動速度が規定されている。1 つは、FAR25.335(c)
に定める設計運動速度（design maneuvering speed V_A）であり、他方は、
FAR25.1507 に定める運動速度（maneuvering speed）である。運動速度は設
計運動速度以下に設定されるものであり、必ずしもこの 2 つは同一ではな
い。大型機の飛行規程の運用限界に記載すべき事項の 1 つとして、改正
前の FAR25.1583(a)(3) は、「The maneuvering speed V_A and a statement that full
application of rudder and aileron controls, as well as maneuvers that involve angles
of attack near the stall, should be confined to speeds below this value.」と 規 定
し、運動速度についてこの趣旨の警告文を記載することを求めていたが、
NTSB は、この規定では操縦士の誤解を招くと批判していた。2010 年改正

は、この批判に応え、失速云々の部分を削除するとともに、急速で大きな操舵の危険性について追記したものであるが、上記の改正前 FAR25.1583(a)(3)に「maneuvering speed V_A」とあるように、2 つの速度はこれまで FAR においても混用されてきた。FAA は、2010 年改正により FAR25 ではこの混用を止めるが、飛行規程については設計運動速度に等しくない運動速度でも V_A と表記することを今後も許容するとしている[117]。

A319 のラダー過剰操作（2008）

アメリカン航空機事故の約 6 年後、再びラダー過剰操作によって制限荷重を超える荷重が垂直尾翼に加えられる事故が発生した。

2008 年 1 月 10 日、エアカナダの A319（A320 系列型）が巡航中に 35,000ft から 37,000ft に上昇した時、前を飛行していた B747-400 の後方乱気流の中に入り、機長がラダーを繰り返し大きく操作した。機体は激しく動揺し、3 人が重傷、10 人が軽傷を負い、機長は緊急事態を宣言し、カルガリー国際空港に緊急着陸した。

事故後の調査により、垂直尾翼を後部胴体に取り付けている部材（Rear Vertical Stabilizer Attachment Fitting）には制限荷重の 129％の荷重が加えられたことが判明した[118]。

NTSB は、アメリカン航空機事故の原因と類似のラダー過剰操作が再び行われたことから、先に発出していた FAA に対する勧告に加え、2010 年 8 月、エアバス機の設計製造の監督に責任を有する EASA（European Aviation Safety Agency）に対し、CS-25（FAR25 に相当する欧州基準）についても FAR25 改正勧告（ラダー・ペダル感度（Sensitivity）制限などによる安全な横方向の操縦特性の確保）と同旨の改正等を行うように勧告した[119]。

参考文献（番号は、1 章からの一連番号）
109. NTSB, Aircraft Accident Report: NTSB/AAR-04/04,（2004）
110. NTSB, Aircraft Accident Report: NTSB/AAR-99/01,（1999）
111. NTSB, Aircraft Accident Report: NTSB/AAR-01/01,（2001）
112. FAA, Lessons Learned From Transport Airplane Accidents - USAir Flight 427, Boeing Model 737-3B7, N513AU,（2011）
113. Industry Airplane Upset Recovery Training Aid Team, Airplane Upset Recovery

Training Aid Revision 2, (2008)

114. Higgins, K. (Boeing), Imrich, T. (FAA), Melody, T. (Boeing), and Rockliff, L. (Airbus), A letter to Chief Pilot and Vice President of Flight of American Airlines dated Aug. 20, 1997

115. Ewell, C. D., A response letter to Vice President of Flight Operations and Validation of Boeing Commercial Airplane Group, et al. dated Oct. 6, 1997

116. FAA, Lessons Learned From Transport Airplane Accidents - American Airlines Flight 587, Airbus A300-600, N14053, (2011)

117. FAA, Docket No. FAA-2009-0810; Amendment No. 25-130, (2010)

118. Transportation Safety Board of Canada, Aviation Investigation Report A08W0007 - Encounter with Wake Turbulence, Air Canada Airbus A319-114 C-GBHZ, Washington State, United States 10 January 2008, (2009)

119. NTSB, Safety Recommendations A-10-119 and -120, A-04-63 (Reiteration), (2010)

航空機構造破壊
第13章

　2002年5月25日、中華航空611便は、離陸から約21分後に空中で胴体が破壊し、海上に墜落して搭乗者225人全員が死亡した。胴体破壊は、約22年前の尾部接地事故の不適切な修理から多数の疲労損傷が生じ、それらが結合した亀裂が与圧によって一気に進行したことによるものであった。本事故の原因となった不適切な修理による広範な疲労損傷は、JAL123便事故の原因でもあったが、FAAが一連の経年航空機対策の締めくくりとした広域疲労損傷（WFD）防止のための米国連邦規則改正（2011年1月14日施行）においては、不適切な修理による疲労損傷の防止策を取り入れることが見送られた。

25　中華航空 B747 空中分解 （2002 年）

事故発生状況

　2002年5月25日15時7分に香港に向かって台湾桃園市蒋介石空港を離陸した中華航空611便B747-200型機は、離陸から約21分後の15時28分、巡航高度35,000ftに到達する直前に空中分解し、乗客乗員225名は、ばらばらになった機体とともに台湾海峡に墜落し、全員が死亡した。事故機は、製造後23年、飛行時間は64,810hr, 飛行回数は21,398cycleの経年機であった。

　台湾飛航安全委員会は、事故機を海中から引き揚げ、約3年間に亘る調査を行った結果、事故の約22年前の1980年2月に事故機は香港空港で尾部を接地させ後部胴体部分に損傷を受けたが、その修理が不適切であったため、機体与圧の繰り返しにより疲労亀裂が進行を続け、事故時のフライトにおいて機体内外の圧力差が最大レベルとなっていた時に亀裂が一気に進行して機体が空中分解したことを突き止めた[1]。

177

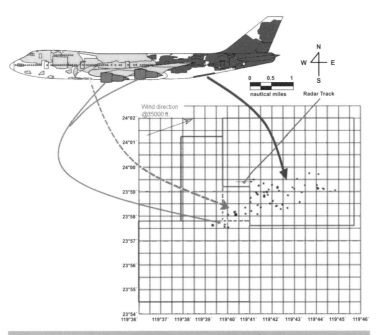

事故機残骸分布状況（台湾海峡）[1]

海中から引き揚げられた機首部分[1]

178　第13章

　この事故は、事故機が過去に尾部を接地・損傷する事故を起こして
いたこと、損傷箇所の修理が不適切であったこと、与圧によって修理
箇所に疲労亀裂が発生し長期間に亘って進行したこと、巡航高度に
到達する直前に破壊が急速に進行したことなど、1985 年に発生した
JAL123 便の事故と多くの共通点を有していた[2]。

1980 年の尾部接地損傷とその修理

　事故発生の約 22 年前の 1980 年 2 月 7 日、事故機は香港啓徳空港に
着陸する際に滑走路に尾部を接地させ、後部胴体下面に損傷を受けた。
損傷箇所は、与圧区域の STA[注]2080 ～ 2160 と非与圧区域の STA2578
～ 2658 であった。事故機は、啓徳空港では修理を行わず、与圧をか
けずに台湾蒋介石空港まで空輸された。

注：STA（Body Station）は、機体の前後方向の位置をインチ単位で表すもので、
　　事故機では、胴体の最前方が 90、最後方が 2792、後部圧力隔壁取付け位
　　置が 2360 である。

　空輸後直ちに仮修理が行われ、事故機は翌 2 月 8 日に一旦運航に
復帰し、恒久的修理（Permanent Repair）が 5 月 23 日から 5 月 26 日の
間に行われた。恒久的修理の記録として残されていたのは航空日誌
（Aircraft Logbook）の記載のみで、そこには「後部胴体外板の修理はボー
イング構造修理マニュアルの 53-30-03 の図 1 に従って実施した。」と
だけ記されていたが、海中から回収された残骸からずさんな修理作業
の実態が明らかとなった。

Permanent Repair の唯一の記録[1]

疲労亀裂の進行

　残骸から発見された与圧区域の後部胴体下部の修理箇所には、縦通材（Stringer）が取付けられた胴体外板の損傷部分に、外側から前後2枚の補強材（Doubler）が当てられていた。前方の補強材は、胴体の縦方向に125in（STA2060 ～ 2180）、胴体円周方向に23in（Stringer S-49L ～ 51R）の大きさであったが、その補強材の下と周辺の外板には多くの傷（Scratch）と疲労亀裂があった。

　前記の修理記録ではボーイング社の構造修理マニュアルに従って作業が行われたことになっていたが、残されていた傷はマニュアルの許容限度を超えていた。マニュアルに従えば、傷のある外板を交換する

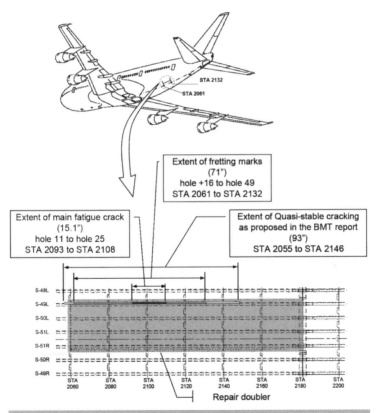

与圧区域修理箇所[1]

か、または傷を取り除いてから補強材を当てなければならない筈であった[注]。また、補強材が傷の部分を完全にはカバーしておらず、補強材の外側でも疲労亀裂が進行し、補強材のリベットの多くが打ち過ぎであるなどの問題もあった。

注：修理記録が残されていないため、台湾飛航安全委員会は、当時の中華航空の技術者に聞き取り調査を行った。その技術者によれば、マニュアルどおりに修理を行おうとすれば、損傷箇所を広範囲に切り取り、長さ125in、幅23inの補強材を当てなければならなかったが、その実施が困難であったため、マニュアルには従わず、損傷を受けた胴体外板に補強材を直接当てることにしたとのことであった。また、その技術者は、マニュアルどおりに修理をするのが難しいことをボーイング社の駐在員に知らせ、計画している修理方法をボーイング社に伝えるよう駐在員に求めたが、その返答がなかったので、ボーイング社はその修理方法に同意したものと考えたと述べた。台湾飛航安全委員会は、記録がないため中華航空の技術者とボーイング社の駐在員の間で実際にどのようなやりとりがあったかは明らかではないが、少なくとも中華航空とボーイング社の意思疎通に問題があったとしている。

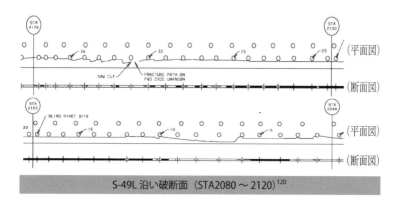

S-49L 沿い破断面（STA2080～2120）[120]

S-49L 沿い破断面（STA2100 付近）[120]

　前頁の図と上の写真は破壊が進行した Stringer 49L 沿いの断面を示したもので、図中の断面図の黒い部分が疲労亀裂であり、写真中の％値は板厚に占める疲労亀裂の進行割合である。与圧胴体外板に生じる一般的な疲労亀裂はリベット孔から機体の前後方向に成長するが、事故機の疲労亀裂は外板の表面から内部へ向かって進行していた。これは、外板表面の傷が多数の起点となって亀裂が進行したためと考えられている。

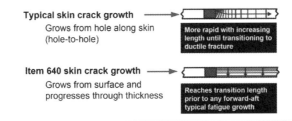

一般的亀裂と事故機亀裂の進行方向の対比[1]

　これらの疲労亀裂の大半は、補強材の下で進行していたことから外部からの発見が困難であり、また外板を貫通した亀裂のみが内部から確認できるため内部からの点検でも発見は困難であった。また、補強材には S-49L 沿いに多数の擦り傷（Fretting Damage）があったが、これらは、外板の亀裂が与圧によって開閉し、外板が補強材に繰り返し接触したことによって生じたものと推定された。

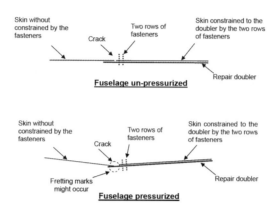

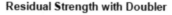

与圧の繰り返しによる擦り傷[1]

　事故報告書は、この擦り傷の範囲などから、疲労亀裂の長さは事故直前には 71in に達していたものと推定している。ボーイング社の解析は、修理箇所に生じた亀裂の長さが 58in を超えると胴体構造は与圧に耐えることができなくなるとしており[注]、S-49L に沿った疲労亀

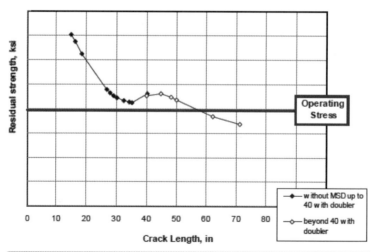

修理箇所の亀裂長と耐えられる圧力[1]

裂は、事故直前には胴体構造が与圧に耐えられなくなる長さまで進行
していたものと推定された。

注：台湾飛航安全委員会は、B747 設計データはボーイング社の知的財産であ
　　るため、それらを用いた独自の解析を行うことはできなかったと述べて
　　いる。NTSB を含む世界の航空事故調査機関においても、少数の事例を除
　　き、詳細な構造解析、運動解析等については、航空機メーカーから実施
　　結果を提供されているのが実情である。

間に合わなかった修理作業箇所の再点検

　このようにして、本事故は与圧構造の不適切な修理作業が原因と
なって発生したと結論付けられたが、与圧構造が不適切に修理された
場合の危険性については本事故の前から指摘されており、中華航空で
も米国で立案された修理作業再評価プログラムをスタートさせてい
た。事故機の修理部分についても、そのプログラムに従って事故の数ヵ
月後には再点検が実施される筈であった。

構造修理評価プログラム（RAP）

　1988 年にハワイで発生したアロハ航空 B737 の胴体外板剥離事故
は、米国社会に大きな衝撃を与え、この事故を契機として米国の経年
航空機対策が抜本的に見直されることとなった（8 章 18 節参照）。そ
の見直しの一環で制定されたのが、構造修理評価プログラム（RAP：
Repair Assessment Program）である。

　米国の民間大型機疲労強度基準（FAR25.571）は 1978 年に改正され、
新たな開発機には損傷許容（ Damage Tolerance）設計が適用されるこ
とになったが、その適用以前に開発されていた経年機に対しては、特
別の検査プログラム（SSIP：Supplemental Structural Inspection Program）
を実施して、損傷許容設計 を実質的に適用することとしていた（4 章
14 節参照）。損傷許容設計 においては、構造に生じた損傷が安全上問
題となる前に的確に発見されるように損傷の進行速度や発見可能性を
分析することとされているが、経年機に対する SSIP は、原設計の構
造に基づいて作成され、修理作業についてはカバーしきれていなかっ
たことから、経年機の修理作業の損傷許容性について懸念が生じてい

た。さらに、実際に行われた修理作業について調査した結果、その40％は適切に行われていたが、60％には追加検査の必要性があることが判明した[121]。

このため、FAA は、経年機の与圧胴体の境界構造（胴体外板、ドア外板、隔壁外板）について、修理作業の損傷許容性の評価を義務付ける規則改正[注]（FAR91.410, 121.370, 125.248, 129.32：後年、項番号変更）を 2000 年 5 月に行い[122]、同年 12 月にその評価のための指針（AC120-73）を発行した。

注：AD の発行も検討されたが、FAA は、修理作業による不安全な状態が既に生じている証拠はないとして、運航規則の改正による義務付けという手法をとった[121]。

なお、与圧胴体の境界構造が評価の対象に選ばれた理由は、与圧荷重は、飛行中の突風荷重や航空機の運動による荷重と異なり、毎回の飛行で確実に一定の荷重が加わるため、疲労強度上の問題を生じやすく、また、胴体外板等は地上作業中に損傷を受けやすいなど、他の構造より修理が頻繁に行われるためとされている。

この規則改正により、米国においては、12 型式の経年機について与圧胴体境界構造に加えられた修理作業の損傷許容性を評価することが義務付けられ、B747 については 2001 年 5 月 25 日までに（飛行回数が 15,000cycle 未満であれば 15,000cycle までに）整備プログラムにその評価のガイドラインを取り入れなければならないとされた。

中華航空の RAP

一方、台湾においては本事故の前には RAP の義務化が行われておらず、事故報告書は航空機の安全性維持のためにもっと積極的に海外情報をモニターして安全施策を実施すべきであったと台湾航空局を批判している。

中華航空はボーイング社から 2000 年 5 月に B747 の RAP ガイドラインの提示を受け、自社の整備プログラムに RAP を取り入れることを決め、台湾航空局から 2001 年 5 月 28 日に当該プログラムの承認を受けた。中華航空は具体的な RAP 評価作業を行う前の準備作業として、2001 年 11 月に構造修理部の撮影を行ったが、その撮影写真の中

に1980年の尾部接地事故の与圧胴体下部修理箇所があった。

　修理箇所の写真には、飛行中の気流によってできたと考えられる機体前方から後方に流れる褐色の痕跡（Trace 1, 2, 3）と、地上駐機中に重力によってできたと考えられる機体下方に流れる透明な液体凝縮物の曲線的痕跡（Trace 4）とが写されていた。これらの痕跡は撮影時点において与圧胴体下部の補強材の下に損傷が生じていたことを示唆するものである。

　中華航空は、ボーイング社のガイドラインに従い、事故機の飛行回数が22,000cycleに達する前までにRAPを実行する計画を立て、2002年11月の7C整備で問題の修理箇所を点検する筈であった。しかし、その点検の約5箇月前の2002年5月25日に事故が発生し、不適切な修理作業による事故を未然に防止する目的で立案されたRAPは、結果的には、その目的を達することができなかった。

　なお、事故報告書は、中華航空の整備作業については、経年機

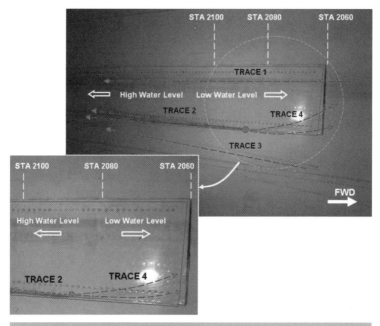

事故前に撮影されていた修理箇所写真[1]

対策の重要な一要素である腐食対策プログラム（CPCP：Corrosion Prevention and Control Program）（8章18節参照）の実施時期が期限超過していた等の他の問題点も指摘している。

アロハ航空機事故後の経年機対策見直し

FAA は、前述したようにアロハ航空 B737 事故を契機として経年航空機対策を抜本的に見直し、型式証明における全機疲労試験の義務化（1998年）などの設計基準（FAR25）改正によって新開発機の機体構造の健全性の向上を図るとともに、既存機に対しては SSIP（Supplemental Structural Inspection Program）、MMP（Mandatory Modification Program）、RAP（Repair Assessment Program）、CPCP（Corrosion Prevention Control Program）の義務化を行ってきた。

これらの一連の経年機対策（構造関係）の締めくくりとなるのが、後述する広域疲労損傷（WFD：Widespread Fatigue Damage）を防止するための米国連邦航空規則改正である。この改正の原案は 2006 年に公表されていたが、その内容に対し多くの意見が寄せられたため、調整に4年半を要し、新規則の決定・公表は 2010 年末となった。この改正内容の説明の前に、関連する基準改正経緯等について簡単に触れておく。

疲労強度基準改正の経緯

航空機構造に対しては静強度と疲労強度のそれぞれに要件が課されており、米国の民間大型機の疲労強度要件は FAR25.571 に定められている。FAR25.571 においては、1978 年の FAR25 第 45 次改正（Amendment 25-45）で損傷許容（Damage Tolerance）基準が導入され（4章12節参照）、それまでの Fail Safe 設計では単一の部材の破壊のみを考慮すればよかったが、この改正により、複数の箇所に同時に発生する損傷（MSD：Multiple Site Damage）を考慮することが求められるようになった。（1978年以前の基準については1章5節参照）

また、前述のように、Damage Tolerance 基準が適用されていない B727/737/747、DC10 などには SSIP を適用して構造健全性の確保が図られた。

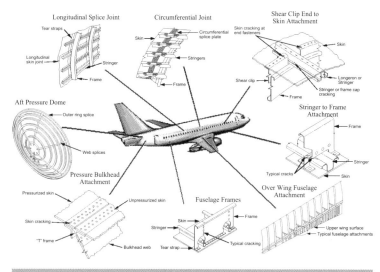

WFD が発生しやすい部位（FAA 資料）

　アロハ航空機事故により FAR25.571 はさらに見直され、1998 年の FAR25 第 96 次改正（Amendment 25-96）で、MSD に代わって WFD（Widespread Fatigue Damage）注の概念が導入され、設計運用目標（Design Service Goal）までは WFD が生じないことを全機疲労試験によって証明することが求められた（8 章 18 節参照）。

注：WFD は、構造部材が FAR 25.571（b）の残留強度要件に適合しなくなるほどの大きさと密度を有する複数箇所に同時に生じた疲労亀裂である。WFD の発生源は、同一構造部材の複数箇所に同時に生じる疲労亀裂（MSD）、及び近接した複数の構造部材に同時に生じる疲労亀裂（MED：Multiple Element Damage）である。（FAA AC 25.571-1D）。

広域疲労損傷（WFD）防止規則の施行（2011）

　FAA は 1998 年の FAR 改正後も経年航空機対策の見直し作業を継続し、2006 年に新たな WFD 防止規則案を公表した。しかし、その案は、WFD が発生しないような運航寿命制限（OP：Operational Limit）を課

すとともに、修理、改造等の再評価も求めるという急進的な内容であったため[3]、航空機メーカーや航空会社は過大な負担を強いるものとして、強い反対を表明した[4,5]。

　2011年1月14日に施行された新規則は、これらの反対意見に配慮し、改正案の規制内容を緩和して基準に適合するためのコストを約$360 millionから約$3.6 millionまで大幅に削減している。また、2006年案では、飛行回数／時間を制限する用語として、データの有効範囲を意味するLOV（Limit of Validity）よりOPが適当としていたが、最終的にはLOVが用いられることになった。

　新規則の対象航空機は、既存機と新開発機の別に規定され、既存機については、米国航空会社運航機又は外国航空会社米国籍機の75,000LB超のタービン機が規制対象とされ（FAR 121.1115, 129.115）、新開発機については、重量や適用運航規則の如何にかかわらず、全ての輸送機（Transport Category Airplane：FAR25適用機）が規制対象となっている。

　これらの対象機にWFDが発生することを防止するため、新規則は、設計者（Design Approval Holder）の責務と運航者（Operator）の責務を規定している。設計者は、対象機に対してLOVを設定し[注]、LOVまではWFDが生じないことを証明しなければならない。

注：設計者がLOVを設定しない場合に備え、設計運用目標を基にしたDefault LOVが提示されている。

　一方、運航者はLOVを整備プログラムに組み入れなければならない。対象機はLOVを超えて運航することが禁止されるが[注]、LOVは延長が可能である。

注：LOVは、耐空性維持のための指示書（Instructions for Continued Airworthiness）の耐空性限界の項（Airworthiness Limitations Section）に規定され、その遵守義務は、航空会社運航規則にも規定されているが、米空域を飛行する全ての航空機に適用される運航規則であるFAR91の403（c）項（耐空性限界を遵守しない限り、航空機を運航してはならない）によって担保されている。

新規則制定の理由

これまでも様々な疲労対策が実施されてきたにもかかわらず、WFD防止のための新規則が制定されたのは次の理由による。

航空機構造は、運航回数が多くなるにつれて疲労亀裂の発生確率が高まり、無制限に使用すれば、いずれはほぼ確実に疲労亀裂が発生することになる。個々の亀裂は発生初期には小さく確実に発見することが困難であり、WFDにおいては、同時に進行していた複数の亀裂が突然合体して急速に成長し、大破壊に至るおそれがある。

このため、1998年にFAR25.571が改正され、設計運用目標の飛行回数まではWFDが生じないことを全機疲労試験によって示すことが規定された。しかし、同改正は、1998年以降に型式証明が申請された新開発機に適用されるもので、それ以前の開発機については再評価の必要があり、また新開発機についても疲労破壊防止のための整備プログラムが有効な飛行回数／時間の範囲が耐空性限界事項とはされていなかった。

コスト削減のための規制内容緩和

新規則による米国航空産業界の負担コストは、規制内容の緩和により、約 \$360 million から約 \$3.6 million まで大幅に削減されたが、大幅削減が可能となった理由は、①修理、改造等を WFD 評価の対象から除外、②新規則への適合期限の延長、③既存機の対象をタービン機に限定、④想定する LOV の変更、等による。①については後述するが、②〜④の要点は次のとおりである。

②新規則適合期限の延長：設計者の実施期限を規則施行日から18〜60か月後、運航者の実施期限を規則施行日から30〜72か月後に延長[注]。

③既存機の対象を限定：適用対象既存機の装備エンジンをタービン・エンジンに限定。

④想定 LOV の変更：LOV については、FAA は、当初、設計者が設定する LOV は設計時の運用目標（Design Service Goal）となるものと想定していたが、聞き取り調査を行った結果、運用目標を大幅に上回って設定される可能性が高いことが判明。

注：型式証明の適用基準（FAR25.571）によって航空機をグループ分けし、そ
　　れぞれの実施期限を設定。1978年より前の基準が適用されているB747、
　　A300等をグループ1、1978年基準（Damage Tolerance導入）から1996年
　　基準までが適用されているB767、A318等をグループ2、1998年基準（WFD
　　規定）以降の基準が適用されているA380、ERJ170等をグループ3とし
　　て、それぞれの実施期限を施行日からの期間で表すと、設計者については、
　　18、48、60か月、運航者については、30、60、72か月。

　①〜④の結果、FAAは、新規則施行によって20年間のうちに退役
を迫られる航空機は1機に止まることから、新規則適合のために米国
航空産業界が負担するコストが約$3.6 millionまで大幅に削減できた
としている。

修理作業評価の見送り

　2006年案では、修理等（repairs, alterations, and modifications）につい
てもWFD発生の可能性を評価しなければならないとされていたが、
最終的に決定された新規則では、修理等に関する項目は削除された。
修理等をWFD評価の対象にするべきか否かは、この規則改正におい
て最も意見が対立した部分であった。

　米航空会社は、修理等については、2008年施行の規則（Damage
Tolerance Data Rule：FAR 26.41 〜 49, 121.1109, 129.109）[123]によって既
に調査と評価が行われることになっているので、改めてWFDにつ
いて再評価する必要はないと強く主張していた。これに対し、EASA
（European Aviation Safety Agency）、ボーイング社、エアバス社、パイロッ
ト団体（Allied Pilots Association）は、一定の修理等に関してはWFD
についての評価が必要であり、その項目の削除は再考すべきであると
主張した[69,124]。

　1998年以降のFAR 25.571が適用されている新世代機については、
大修理を行った場合はLOVまでWFDが生じないことを示すことが
求められ（FAA AC 25.571-1D 7f）[69,125]、また、米航空会社大型機につい
ては、米航空会社が強調するように、修理等が及ぼす影響を評価す
る方法を整備プログラムに入れることがすでに規定されている（FAR
121.1109(c)(2)）ことなどから、FAAは、米航空会社の主張に同意し、

修理等について WFD リスクの評価を要求する項目の削除を決定した[注]。

ただし、米航空会社機についての評価は WFD そのものを対象としたものではなく、現状の検査では WFD が確実には発見されないおそれがあるが、FAA は、WFD 評価を行える技術者が全米で 50 人に満たないので、その限られた人材をリスクがより高い分野の作業に振り向けるために修理等の評価を求める項目を削除したと述べ、修理等評価の意義を認識しながらも諸般の事情を考慮して削除を決定したことを認めている[69]。

注：FAA は、修理等関連項目の削除決定理由を述べる中で、次のようなことも述べている。

"The repairs, alterations, and modifications developed by persons other than type certificate holders may present a slightly greater risk, because those persons typically do not have the type certificate holder's data or expertise. Although those repairs, alterations, and modifications may pose a higher risk for developing WFD, there are no recorded accidents attributed to WFD occurring in these repairs, alterations, and modifications." [69]

この趣旨は、設計者が行う修理等に比べれば設計者以外の者が行う修理等に WFD が生じるリスクは少し高いものの、それらの修理等に生じた WFD による事故の記録はないとするものである。ここでは、運航者の修理作業による WFD 事故である中華航空 611 便事故のみならず安全性が高い筈の設計製造者が行った修理による WFD 事故である JAL123 便事故が全く考慮の外におかれているように思われる。航空技術は、これまで、欧米、特に米国が中心となって発達してきており、民間航空機設計基準は米国基準が欧州基準とともに事実上の世界基準であり、事故再発防止策についても米国の施策が世界をリードしてきた。その米国において、経年航空機対策が抜本的に見直されるきっかけとなったのは、1981 年の遠東航空 103 便事故（110 名死亡）や 1985 年の JAL123 便事故（520 名死亡）ではなく、1988 年に米国内で発生したアロハ航空 243 便事故（1 名死亡）である。米国外の事故は、米国の再発防止策の形成において、自国の事故とは同じ重みを持っていないのが現実のように思われる。

192　第13章

おわりに

　FAA は、この新規則を一連の構造関係経年機対策の締めくくり（the last element of the overall Aging Aircraft Program）と位置付けている[69]。また、2008 年に施行された電気配線経年化対策を含む燃料タンク爆発防止策（11 章 21 節参照）についても、一連の同目的対策を終了させるものである（closing the book）としており[106]、FAA は、これらによって総合的経年化対策が完了したとしているのではないかと思われる。世界の民間航空の安全施策をリードしてきた FAA のこれらの施策は、米国内のみならず、いずれ各国の施策にも反映され、世界の民間航空機の安全性向上に貢献していくものであることに疑いはないが、本稿で取り上げてきた事故と再発防止策の歴史が示しているように、万全と思われた対策が不十分であることが判明して新たな対策の追加を強いられることがこれまで繰り返されてきていることを忘れるべきではないであろう。

（了）

参考文献（番号は、1 章からの一連番号）

1. Aviation Safety Council, Aviation Occurrence Report - In-Flight Breakup over the Taiwan Strait Northeast of Makung, Penghu Island China Airlines Flight CI611 Boeing 747-200, B-18255 May 25, 2002,（2005）
2. 運輸省航空事故調査委員会、航空事故調査報告書－日本航空株式会社所属ボーイング式 747SR-100 型 JA8119　群馬県多野郡上野村山中　昭和 62 年 8 月 12 日、（1987）
3. FAA, 14 CFR Parts 25, 121, and 129 - Aging Aircraft　Program: Widespread Fatigue Damage; Proposed Rule,（2006）
4. The Boeing Company, B-H300-06-EAP-51（Boeing Comments to WFD NPRM,（2006）
5. Air Transport Association, Re: Aging Aircraft Program: Widespread Fatigue Damage,（2006）
69. FAA, 14 CFR Parts 25, 26, 121, et al. - Aging Airplane　Program: Widespread Fatigue Damage; Final Rule,（2010）
106. Fiorino, F., FAA Issues Fuel Tank Final Rule, AW&ST July 22, 2008
120. Aviation Safety Council, CI611 Accident Investigation Factual Data Collection Group Report - Structure Group,（2003）
121. FAA, Docket No. 29104; Notice No. 97-16; Repair Assessment for Pressurized Fuselages,（1997）
122. FAA, Docket No. 29104; Amendment Nos. 91-264, 121-275, 125-33, and 129-28 ; Repair Assessment for Pressurized Fuselages ,（2000）
123. FAA, Docket No. FAA-2005-21693; Amendment Nos. 26-1, 121-337, 129-44; Damage Tolerance Data for Repairs and Alterations,（2007）

124. The Boeing Company, Comments to Docket Number FAA-2006-24281, Aviation Rulemaking Advisory Committee Meeting on Transport Airplane and Engine Issues-Aging Aircraft Program: Widespread Fatigue Damage; Notice of public meeting, reopening of comment period, published in the Federal Register on November 7, 2008 (73 FR 66205), (2008)

125. FAA, AC 25.571-1D: Damage Tolerance and Fatigue Evaluation of Structure, (2011)

索　引

あ 行

アップセット・リカバリー
　　　　　………………「異常姿勢からの回復操作訓練」の項を参照
アップルゲイト……………………………………………… 28-31, 35
圧力解放孔（圧力解放設備、圧力解放措置、プレッシャー・リリーフ・
　ドア、ブローアウトパネル）…………… 25-26, 28, 35, 42-44, 65, 91-92
アメリカン航空……………………………… 25-29, 39-44, 56-67, 160-174
アロハ航空………………………………………………… 101-110
安全係数 / 安全率（1.5）………………………………… 7, 44, 165
安全係数（動的効果）……………………………………………14
安全係数（Scatter Factor）………………………… 13, 19-20,122-123
安全性・信頼性解析………………………………………… 154-158
安全性解析（電気配線）………………………………………… 152
安全寿命………………………………………「Safe Life」の項を参照
異常姿勢からの回復操作訓練………………………………… 166-168
渦電流検査………………………………………………… 107-108
運航寿命制限……………………………………………… 5, 54, 187
運動速度………………………………………………… 173-174
エアカナダ………………………………………………… 160, 174
エッジ・マージン………………………………………… 50, 84-85
エバーグリーン…………………………………………………… 140
エルアル航空……………………………………………… 128-136
遠東航空…………………………………………………… 69-73
応力集中………………………………………… 9, 12-13, 103-104
穏やかな減圧………………… 「Controlled Decompression」の項を参照

か 行

過剰操作………………………………………………………… 165-174

型式証明の停止……………………………………………64

気化燃料（可燃範囲）…………………………………… 145-147

急減圧……………………………… 25-29, 32-34, 39, 42-43, 65

急減圧に対する構造強度基準……………………………… 42-45, 97-98

ギロチン（テスト）……………………………………… 74, 108

偶発的損傷………………………………………… 47, 62-63

蛍光浸透探傷検査……………………………………… 121-122

経年航空機に対する特別検査…………… 「SSID」、「SSIP」の項を参照

欠陥（金属、製造、初期）………………… 20-22, 113, 118-119, 121-123

広域疲労損傷………………………………………「WFD」の項を参照

構造修理評価プログラム…………………………………「RAP」の項を参照

構造設計基準改正案の撤回………………………………… 66-68

後部圧力隔壁…………………………………… 23-25, 78, 83-100

故障（重大度）………………………………………… 154-155

故障（発生確率）……………………………………… 154-156

コメット………………………………………………… 9-13

さ 行

差圧（最大レベルで破壊発生）……………………………… 3, 90

終極荷重…………………………………………… 44, 165-166

事故調査報告書の裁判証拠採用禁止………………………… 7

重要系統の分離（分散）…………… 25-26, 95, 97, 125, 152

スイス航空…………………………………………… 151

ストライエーション（疲労破壊面の縞模様）……………… 88, 121

常温接着……………………………………………102-104, 110

スプライス・プレート……………………………………… 84, 89

静強度と疲労強度…………………………………………… 6-7, 46

制限荷重…………………………… 44, 165-166, 170, 174

設計運動速度………………………………167, 170, 173-174

設計運用目標……………………「Design Service Goal」の項を参照

接着………………………………………… 71-72, 102-104

接着剥離…………………………………………… 109-110

全機疲労試験…………………… 12, 14, 47-48, 101, 110-111, 136
全油圧機能喪失………………… 93, 95, 97-98, 113-118, 124-127
損傷許容（Damage Tolerant/Tolerance）
………………………………… 20-21, 46-47, 121-122, 183, 186, 190
損傷許容（エンジン）………………… 20-21, 121-122
世界初のジェット旅客機……………………………… 10
世界初の与圧旅客機……………………………………… 9

た　行

耐空証明の停止…………………………………………… 12
ダッチ・ロール……………………………………………93
ダンエア…………………………………………………48
中華航空………………… 2-3, 130, 135, 139, 176-186
沈頭リベット……………………………… 103, 107
鉄道疲労事故…………………………………… 6-7
デルタ航空………………………………………… 122
電気配線の経年化…………………………150-152, 192
同時多発損傷……………………… 「MSD」の項を参照
特別要件………………………………………… 124
トルコ航空…………………………………… 32-45

な　行

燃料タンクの不活性化…………………………… 153-154
発行されなかった AD ………………………… 40-41
ノースウエスト………………………………… 140

は　行

パンアメリカン……………………………………45
バンガード………………………………… 22-25
ヒューズ・ピン……………………………… 130-140
ヒューズ・ピン（ボーイングとエアバスの違い）………… 138-139
ヒューマン・ファクター………………………… 108

疲労試験（水平尾翼、パイロン、実施せず）……………… 51-52, 136
疲労破壊面の縞模様………………「ストライエーション」の項を参照
複合材…………………………………………………… 162, 165
フェール・セーフ…………………………………「Fail Safe」の項を参照
フゴイド………………………………………………………… 93, 115
腐食…………………………………… 23-24, 70-74, 106, 109
腐食対策プログラム……………………………「CPCP」の項を参照
プレッシャー・リリーフ・ドア…………「圧力解放孔」の項を参照
ブローアウトパネル………………………「圧力解放孔」の項を参照
米国最古の耐空性基準…………………………………………… 7
米国耐空性基準の系譜…………………………………………… 8

や 行

有限要素法…………………………………………………… 137
床面荷重…………………………………………………………33
ユナイテッド航空…………………………… 42, 113-124, 167
与圧空気（非与圧区域への流入）…………… 23-25, 27, 90-93, 95, 97

A

Aeronautical Bulletin ……………………………………………… 7
Air Commerce Act ……………………………………………… 7
Air Commerce Regulation ……………………………………… 7
Airplane Upset Recovery Training Aid
………………………「異常姿勢からの回復操作訓練」の項を参照
Airworthiness Notice No.89…………………………………………54
ASIP (Aircraft Structural Integrity Program) …………………19
A300-600 …………………………………………… 160-173
A319 …………………………………………………… 160, 174

B

BEA (British European Airway) …………………………………22

BOAC (British Overseas Airways Corporation) ·············· 10
Boeing 307 ··· 9
Butt Joint ··· 102
B-17 ·· 9
B377 ··· 45
B-47 ·· 16-19
B707 ·································· 48-53, 136, 139-140
B737 ·························· 69-79, 101-110, 167
B747 ··················· 2-3, 42, 81-100, 128-140, 142-159, 176-186

C

CAA (Civil Aeronautics Administration) ·············· 13, 46
CAR (Civil Aviation Regulations) ····················7, 46
Cold Bond ···························「常温接着」の項を参照
Controlled Decompression/Release ·········75-77, 79, 96, 99-100, 109
CMR (Certification Maintenance Requirement) ·············· 159
CPCP (Corrosion Prevention and Control Program) ·········· 110, 186
CRM (Crew/Cockpit Resource Management) ··············· 117-118

D

DC-10 ························ 21-22, 25-30, 56-66, 113-127
Damage Tolerant/Tolerance·················「損傷許容」の項を参照
Design Maneuvering Speed V_A ··········「設計運動速度」の項を参照
Design Service Goal···································· 187, 189

E

ENSIP (Engine Structural Integrity Program) ·············· 122
EWIS (Electrical Wiring Interconnection System) ············ 151
Exposure Time ································· 156-158

F

Fail Safe ·············13, 46-48, 50-52, 54, 65, 73-74, 96-98, 108, 136, 186

Fail Safe 荷重 ··14

FAR (Federal Aviation Regulations) 編纂································ 45, 46

Fay Surface Seal ·· 103

Flapping ································· 75-78, 91, 96, 99-100, 108-109, 111

FMEA (Failure Mode and Effects Analysis) ······························ 156

FMECA (Failure Mode Effects and Criticality Analysis) ·················· 156

FTA (Fault Tree Analysis) ··· 156

F-111 ··· 19-20

J

JAL ·· 81-100

K

KC135 ···49

L

Lap Joint ·· 102-110

Loss of Control ··· 168

LOV (Limit of Validity) ·· 5, 188-190

Low 委員会·· 64-67, 98

M

Maneuvering Speed ··························· 「運動速度」の項を参照

MD-11 ·· 151

MD-88 ··· 122-123

MED (Multiple Element Damage) ··· 187

MMP (Mandatory Modification Program) ··································· 186

MSD (Multiple Site Damage) ··························· 47, 99-100, 186-187

N

NACA (National Advisory Committee for Aeronautics) ······················18

NTSB（独立）···45

O

OP (Operational Limit) ·· 5, 187-188

R

RAP (Repair Assessment Program) ······································· 183-186

S

Safe Life ································· 13, 19-21, 46-47, 65, 122-123

Scatter Factor ··「安全係数」の項を参照

Special Condition ·······································「特別要件」の項を参照

SSID (Supplemental Structural Inspection Document)·············· 78-79, 111

SSIP (Supplemental Structural Inspection Program) ·········· 54, 78, 183, 186

T

TWA ··· 142-159

U

USAir ··· 167

W

WFD (Widespread Fatigue Damage) ················ 5, 48, 111, 176, 186-191

著者略歴

遠藤信介（えんどう・しんすけ）
1949年、茨城県生まれ。東京大学工学部修士課程及びマサチューセッツ工科大学修士課程を修了。国土交通省で航空関係の業務に従事し、新東京国際空港長、航空保安大学校長、航空局技術部長、運輸安全委員会委員長代理を務める。学会誌、航空専門誌等への航空の安全に関する寄稿多数。

本書の記載内容についての御質問やお問合せは、公益社団法人日本航空技術協会　教育出版部まで、文書、電話、ｅメールなどにてご連絡ください。

2018年1月31日　第1版　第1刷　発行

航空機構造破壊

2018Ⓒ	編　者	公益社団法人　日本航空技術協会
	発行所	公益社団法人　日本航空技術協会
		〒144-0041　東京都大田区羽田空港1-6-6
		電話　東京　（03）3747-7602
		FAX　東京　（03）3747-7570
		振替口座　00110-7-43414
		URL　http://www.jaea.or.jp
		E-mail　jaea@jaea.or.jp
	印刷所	株式会社　丸井工文社

Printed in Japan

無断複写・複製を禁じます

ISBN978-4-902151-93-0